リスクベースマネジメント
における影響度評価

日本学術振興会・産学連携第180委員会
「リスクベース設備管理」被害・影響度評価分科会編

養 賢 堂

編集者

日本学術振興会・産学連携第 180 委員会「リスクベース設備管理」
被害・影響度評価分科会

主査　　倉敷　哲生　　大阪大学
副主査　石丸　裕　　　大阪大学
副主査　木村　新太　　海上・港湾・航空技術研究所

執筆者（五十音順）

　　　　石丸　裕　　　大阪大学
　　　　奥村　進　　　滋賀県立大学
　　　　木村　新太　　海上・港湾・航空技術研究所
　　　　倉敷　哲生　　大阪大学
　　　　外間　正浩　　ＮＴＴ先端集積デバイス研究所
　　　　高田　祥三　　早稲田大学
　　　　増本　真一　　マーシュブローカージャパン（株）
　　　　宮田　栄三郎　住友化学（株）
　　　　三宅　淳巳　　横浜国立大学
　　　　向山　和孝　　大阪大学

序　文

　本邦の産業インフラ・社会インフラは，1970年代の高度成長期に充実し始め，その後，これらはすでに50年程度の供用を経験しており，各種の劣化が顕在化しつつある．これらのインフラの健全な活用のためにはしかるべきマネジメント・メンテナンスが必要不可欠である．この課題に取り組んできた日本学術振興会（JSPS）産学連携第180リスクベース設備管理委員会は，その研究成果として「リスクベースメンテナンス入門—RBM—」（㈱養賢堂）を2017年に上梓した．本書はそれに続く第2弾の出版になる．リスクの語源は「航図無き航海に出発する決断」であり，リスクは「自然にある」ものでなく，「ある目的のため不確実性のある行為を意思を持って行う」ものであり，「リスクをとる」と表現するのが相応しい．要は，しかるべき立場の方が決断するものである．そのための手法を提供するものの一つが「—RBM—リスクベース（メンテナンスあるいはマネジメント）」である．一般に，「リスク＝発生確率×被害の影響度」として評価される．損傷などの発生確率は比較的一般化しやすい項目であるが，被害の影響度は関わる多くの因子が個別的であるので，一義的に定めることが困難である．そのために，リスクの評価が難しいものとなっている．本書は「影響度評価」に焦点を絞り，その考え方・手法を分かり易く解説するものである．RBMの概念は化学プロセス分野で先行的に活用されてきた．本書では化学プロセス分野での利用状況を紹介するとともに，ほかの産業分野への展開の試みを例示するものである．したがって，読者のそれぞれの分野へのRBM導入，影響度評価への道筋を示す内容を提供している．JSPSの委員会がほかの委員会と異なる点は，業態を超え，学術的に貢献せんとするところにある．その意味からも本書が多くの産業分野で貢献できることを期待するものである．本書は3部から成っている．第1部では「影響度評価の基本技術」を紹介し，リスク概念の再確認，重要性，国際動向を示している．第2部は「シミュレー

タによる影響度評価」を紹介し，いくつかの事例について詳しく示している．第3部では「影響度評価と意思決定」に関連し現状の課題，さらなる検討すべき問題点を示した．インフラの適正なメンテナンス・マネジメントには各種のコード・規程などが深く関わる．経営の立場からはリスクヘッジのための保険の在り方も重要である．本書ではこの問題についても保険業界からの考え方を示しているので，参考にされたい．

　JSPS180委員会では，今後，「損傷形態と発生確率」についてもその成果を開示していく予定である．

　最後に，出版に至るまでご尽力いただいた，倉敷主査を始めとする，委員各位，執筆者各位に感謝する．

2020年3月

　　　　　　　JSPS　第180委員会　委員長　酒井潤一　（早稲田大学）

目　　次

執筆者

序　文

第1部 ■ 影響度評価の基本技術

第 2 部 ■ シミュレータによる影響度評価

第 4 章　シミュレータを用いた影響度評価 ……………… 114

第1部

影響度評価の基本技術

1 リスクマネジメントとリスクの評価

1.1　リスクの定義

　企業経営，工場運営などの事業活動は言うに及ばず，災害対策行政や人の個人的な生活においても不確実性は必ず存在する．このような不確実，不確定な状況下で事業活動や設備の運用，あるいは環境保全規制，さらには個人の生き方をどう進めるかなどの意思決定は，どの程度の不確実性を受け入れる意志があるか，受け入れる用意，能力があるかということに依存している．

　企業経営においては，この不確実性は企業の価値や利益を喪失させる可能性だけではなく，それを付加させるチャンスでもある．すなわち，結果にはプラスとマイナスのいずれもがあり得る．一方，環境保全や安全の維持に対する活動においては，不確実性は深刻な負のインパクトを避けることができるかどうかの可能性につながる．つまり，マイナス事象の程度の大きさに関わる．本書が対象とする生産設備，生産活動における不確実性は期待通りの生産と品質が確保できるか，あるいは，その期待を裏切るかというだけではなく，プロセスあるいは設備の不具合に起因して発生する危害の，周囲の環境や人に及ぼす影響の規模と発生の可能性に関連して考えなくてはならない．こうした不確実性を評価する指標として用いられるのが「リスク」である．したがってリスクは単なる「危険性」のような抽象的な概念ではなく，不都合な事象（危害）が発生したときの発生確率とその影響の大きさの組み合わせとして定義されてきた[1]．

　例えば AIChE（アメリカ化学工学協会）の CCPS（化学プラント安全センター）ではリスクを

　　　「リスク＝F（想定シナリオ・評価された影響・評価された確率）」

と定義しており[2]，API（アメリカ石油協会）の規格 API RP 581 Risk Based

Inspection では,

> 「事象の発生確率とその影響の組み合わせ，各々が数値で表現
> 出来る時には両者の積で示される」

と定義している[3]．ただし，近年は安全の分野でも，リスクマネジメントの共通的な概念を提供することを目的とした ISO guide 73[4] に示されたリスクの定義である「目的に対する不確かさの影響」に類似した表現でリスクの再定義も行われている．例えばノルウェイの環境保全に関わる規制（Petroleum Safety Authority：Framework Regulation on Risk Reduction Principle）では，「不確実性を伴う活動の影響」と新たな定義づけがなされている[5]．

　化学プロセスの場合を例にとると，そこで用いられる設備・機器には，危険物や毒性物質が潜在的なハザードとして保有されている．プロセス異常や運転操作の失敗，機器材料の劣化メカニズムにより生じた損傷などの起因事象が発生すると，これら保有物質が機器外に漏洩し危害となる．基本的なリスクに関わる用語を定義している ISO Guide 73 においても，安全に関しては ISO Guide 51 の定義に従うとしており，この場合は「危害の発生確率と，それが及ぼす影響の組み合わせ」が注目した設備・機器のリスクとなる．同じく ISO Guide 51 では，ハザード（Hazard）とは潜在的な危害の原因・源，また危害（Harm）とは人への物理的な損傷，財産への経済的な影響，環境への汚染等の影響と定義されている[6]．

1.2　リスクマネジメントの概要

　図 1.1 は ISO/IEC Guide 73（2002）で定義されたリスクマネジメントの全体像を示す．これによると，

- ・ハザードの特定
- ・危害に至るシナリオの想定
- ・顕在化した危害に対するリスクを算定
- ・その結果を基にしたリスク対応の実施
  （リスクをそのまま許容して保有する，あるいはリスク低減や予防装置

図 1.1　リスクマネジメントの全体構成
（ISO Guide 73-1st ed.）

を講じた上で受け入れる，リスクを災害保険などに転嫁することで受け入れる，リスクが過大なので関わる行為を取りやめる―リスク回避といった処置）

・その結果として残留したリスクを受容する意志決定を行った場合は関係するステークホルダーとリスクが共有できるようリスクコミュニケーションの実施

といった一連の活動を「リスクマネジメント」と呼んでいる．すなわち，リスクに基づく意志決定と，目的（災害のような負の影響を低減する，あるいは新たな価値や便益を産みだすこと）を達成するための公正で合理的な活動の実施と考えてよい．

　リスクマネジメントに関する基本的なガイドラインを提示している ISO 31000 によれば[7]，リスクマネジメントという行為は**図 1.2** に示すようにリスクマネジメントが満たすべき原則と，その原則を満たすリスクマネジメントの手順，および PDCA（Plan-Do-Check-Action）サイクルによる継続的なリスクの改善を積み重ねる枠組みから構成されると定義している．また，アメリカの COSO（事業不正防止のための Treadway 委員会）では事業運営に関わる統合的リスクマネジメントの枠組みを，「4つの目的」と「8つの構成要素」，そして事業体（全体）や部署（部分）といった「適用範囲」からなるキューブモデルで説明している[8]．製造設備の安全も当然事業経営の重要な統制項目であり，このような経営リスクマネジメントの枠組みに取り込む必要がある．

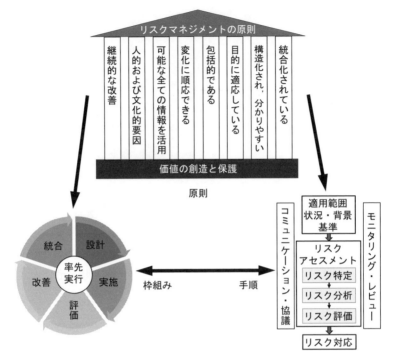

図 1.2　リスクマネジメントを構成する 3 要素（ISO 31000）

1.3 ## プロセスの安全マネジメント

1.3.1　プロセス安全マネジメントの歴史

　工業生産活動は人々の生活や福祉の向上に大きく寄与してきたが，歴史を振り返ってみると，生産過程で排出・廃棄される物質による環境汚染の発生，また事故による工場関係者の被災だけではなく周辺の人々や環境における深刻な被害発生の経験も重く刻まれている．

　図 1.3 に各国で発生した大事故の例と，それに伴って発令された重要な規制を年代順に示す．ヨーロッパでは 1974 年にイギリスのフリックスボロウにある化学品工場で爆発事故が発生し 5 km 離れた住宅地にまで被害が及んだと報告されており，また，1976 年にイタリアのセベソにある農薬工場で発生した事故では，大量のダイオキシンが放出され，広範囲の土壌汚染を生

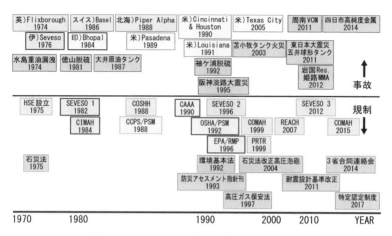

図1.3 石油・化学産業の大事故と規制の歴史

じ20万人を超える住民が被災したといわれている．アメリカではペンシル
ベニア州にあるドノラで1948年に硫黄化合物による大気汚染が原因となる
深刻な健康被害が問題視され（Donora Smog），さらに，同じような被害が
ピッツバーグやロスアンゼルスなど各地で発生した．また，1984年にはイ
ンドのボパールにあるアメリカ系法人の農薬工場で猛毒のメチルイソシア
ネートが漏洩し，一説では8000人以上の死者と30万人以上の被災者を出
したともいわれている．また1988年に北海の石油採掘用海上プラット
フォームPiper Alphaで発生した火災事故など，洋上石油採掘プラントでの
大きな災害や広範囲に及ぶ海洋汚染も繰り返し発生している．

　こうした周辺社会をも巻き込んだ大事故や深刻な大気・環境汚染の発生を
踏まえて，EUでは「セベソ指令」が発令され，アメリカではCAA（Clean
Air Act）と呼ばれる連邦法が制定された．1982年に発令されたEUのセベ
ソ指令Ⅰは，危険物質による重大な産業事故発生を防止するために，事業者
と監督官庁が必要な措置をとることを要求する指令で，これを受けてEU加
盟各国は，自国での法整備を行った．例えばイギリスではセベソ指令Ⅰを受
けてCIMAH（Control of Industrial Major Accident Hazards Regulations），
さらに，1996年発令のセベソ指令Ⅱに対応してCOMAH（Control of Major
Accident Hazards Regulations）が制定され，その後も改訂がなされており，

2018年の時点では SEVESO Ⅲ (2012)[9]，COMAH (2015)[10] が最新版となっている．CIMAH，COMAH ではセベソ指令の意図に沿って，プラントオーナーに対して「設備運用に伴う重大事故の発生防止とその影響を最小にするための全ての方策をとり，それらについて説明すること」を要求している．

　ここで「必要な全ての措置」とは何か，それが「実施されている」ことをどのようにして示すのかが問題になる．この問題に対するイギリスの HSE (Health and Safety Executive：健康安全局）の解答は「リスクを合理的に実行可能な限り低く抑制すること」，すなわち，ALARP（As Low As Reasonably Practicable）の原則であった．これを別の表現で説明するならば，事業者は事故を防止するために全ての必要な措置がとられていることを，リスクという指標で示す必要があるということになる．また，それを示すことは事業者の責任，すなわち "accountability" ということである．

　アメリカに於いてもボパールや，パサデナ，チャネルビューなどでの大規模な事故を受け，OSHA（Occupational Safety & Health Administration：労働安全衛生庁）は1990年の CAA 改訂版（Clean Air Act Amendments：CAAA）の指示（Section 304）により，「作業場での事故による危険度の高い化学品の暴露に付随する危害から従業員を保護する」ために，Title 29 CFR 1910, Process Safety Management of Highly Hazardous Chemicals，いわゆる PSM（Process safety Management）則を1992年に公布した．

　一方，EPA（Environmental Protection Agency：環境保護庁）は，CAAA Section 112 (r) からの「事故による化学品の放出防止および，放出・漏洩の検出に関わる合理的な規制と適切な指針を作成するように」との指示に基づき，1996年に Title 40 CFR Part 68；Chemical Accident Prevention Provision を公布し，その Subpart G において，いわゆる RMP（Risk Management Plan）の作成を企業に求めた．OSHA の PSM 則と EPA の RMP 則の要求は重なっている所もあるが，OSHA は事業所で働く "人" の労働安全衛生を，また EPA は事業所とその周辺の "環境" の保全を目的としている．

　海外の産業界，企業では法規である OSHA の PSM や EPA の RMP を基に自らの管理システムに整合させた管理要素を構築しており，なかでもアメリカ化学工学協会（AIChE）の CCPS（Center for Chemical Plant Safety）

図 1.4　OSHA-PSM のフレームワーク

から提案されている Risk Based Process Safety[11) は，多くの企業で PSM を構築する際の参考とされている．

1.3.2　プロセス安全マネジメントの仕組み

　OSHA の PSM は**図 1.4**に示すようにプロセス安全への参画，ハザードとリスクの理解，リスクのマネジメント，経験から学ぶという 4 つの基礎の上に構成された 14 の要素から組み立てられている．企業はこれら 14 の要素を織り込んだプロセス安全管理システムの構築と履行を義務づけられている．EPA の RMP は事故による工場外への影響を制限することが目的であることから，OSHA の PSM 要素に加えて，事故時の漏洩防止方策と周辺地域と協調した緊急対応計画の作成，最悪シナリオと最もあり得ると考えられるシナリオ（Alternative Scenario）について影響評価を実施することなどの要素が追加されている．PSM，RMP の各要素の具体的な定義や，それらが要求する具体的な実施項目などについては，OSHA，EPA のホームページに親切な解説や参考図書も紹介されているのでご覧頂きたい．

　化学プロセスは本質的に高温・高圧であったり，可燃性や毒性を有する物質を多量に保有したりするなど，何らかの潜在的なハザードを有しており，これを閉じ込め，制御された反応により新たな物質を作りだすことが使命である．これらの物質の「閉じ込め」や反応の「制御」機能に破綻が生じるとハザードは危害となって顕在化する．OSHA の PSM や EPA の RMP はこ

うした破綻を防ぐための方法や管理システム，設備の健全性の維持，さらに緊急事態が発生した場合の対処などを規制的な側面から企業に要求する立場であるが，CCPS の RB-PSM はこうした PSM 構成要素に対してリスクの大きいものから対処することで，対処の有効性とそれに必要な費用負担の増加を合理的に達成するという企業側のスタンスも明確にしている．

　PSM の各要素は管理を目的としたシステムなのでソフト的な項目が主体となっているが，危害の発生，影響の拡大を防ぐための，例えば安全計装システムや，圧量放出弁，緊急冷却装置，2重殻形式のタンク，防液堤，スプリンクラーシステム，ウォーターカーテンなどハード的対応も重要である．こうした仕組みは多重防護層モデル（LOPA：layer of Protection Analysis）[12] やスイスチーズモデルで考えるとわかりやすい．これらのモデルでは「閉じ込め」や「反応の制御」を行う設備など，安全系，防護系それぞれの機能を一つの防護層（Layer of Protection），あるいは1枚のチーズと考える．化学プラントが有するハザードは多重化された防護層で守られており，この防護層の構築，維持，機能検証等の行為はリスクマネジメントの重要な役割の一つである．事故はこれらの防護層の欠陥や局所的な破綻（孔）を通して顕在化し，進展・拡大する．各防護層が必要な場合に作動しない確率を作動要求時失敗確率（probability of failure on demand：PFD）と称し，この確率値が与えられればイベントツリー解析により防護層で防ぐ事ができない事象の発生確率を評価することができる[12]．

　RMP の要素は，それ自体が防護層であり，かつ，こうした化学プラントの安全を維持するための多様な防護層の方針，構造の決定，策定・運用，その責任体制と役割等の管理や継続的な監視・改善（PDCA）を行うための仕組みであり，欧米では 1990 年代から官民が一体となって構築，定着を図ってきた包括的な安全確保のための基盤的フレームワークである．

1.4　化学プロセスのリスクアセスメント

1.4.1　化学プロセスのリスクアセスメント

ISO Guide 51 の定義[1] によると「安全とは受容出来ないリスクから解法

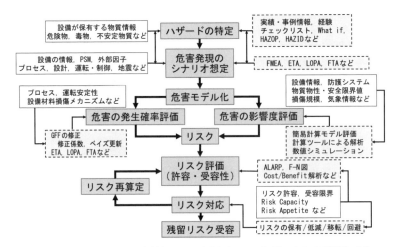

図1.5　化学プロセスの定量的リスク評価プロセスと用いられる情報と手法

されていること」となっている．すなわち，安全はリスクが0の状態ではな
く，残留するリスクを受け入れた状態であると定義されている．多くの欧米
諸国，および，欧米で用いられる管理方式で石油・化学プラント設備の保安
規制を行っている国では，設備の運用開始にあたっては法的に運用前安全審
査が義務づけられており，「安全であること」を証明し説明する必要があり，
そのためには，プロセスや設備のリスクを評価しその水準が受容，許容可能
であることを示す必要がある．また，前節で紹介したようにアメリカの
EPAが要求するRMPでは最悪シナリオと代替シナリオによるリスクアセス
メントが要求されている．代替シナリオでは解析者が解析条件を設定する
が，最悪シナリオの場合は1.3.1で紹介した40 CFR Part 68のAppendix
Aに気象条件や漏洩条件などの前提条件が提示されている．

　化学プロセスの一般的なリスクアセスメントは**図1.5**に示すように，

・プロセスや設備に潜むハザードを特定する．

・プロセスの不具合や設備の損傷メカニズムなどハザードが危害に至るシ
　ナリオを想定する（危害の起因事象）．

・リスクアセスメントの対象となる危害を特定する．

・特定した危害の起こりやすさ（Likelihood of failure：LoF）と，危害が

発生した場合の影響の大きさ（Consequence of Failure：CoF）を評価する．

といった手順で実施され，こうして得られた LoF と CpF の組み合わせがリスクとなる．

　化学プロセスにおける代表的なハザードは，設備が保有する危険物や毒物である．例えば 1.3 で紹介した EPA の RMP には，ハザードとしてこの法規が規制の対象とする化学品のリストが示されている．しかし，化学プロセスは，こうした物質を反応させることで新しい物質を造り出すことが使命であり，そのため反応中間物が副生物を含む多種多様な物質が装置内に保有されているため，単独物質の有する生体毒性や分解性，爆発性を考慮するだけでは不十分で，混合することで生じる分解反応や発熱昇温，発火燃焼や爆発性などの新たな危険性にも注目する必要がある．また，高圧，高温で保有されていることも多く，物理的にも危害発現に対するポテンシャルを有している．

　こうした化学的なハザードはプロセスの計装・制御系の不調や，バルブの不作動，機器の詰まり，プロセス流体を移相するポンプなどの機械の不具合，冷却水などのユーティリティーの供給停止など，さまざまな事象（event）により危害となる．またハザードを閉じ込めている反応器や貯槽などの設備（containment）は，その構成材料の腐食や疲労など設備が使用される環境に起因する損傷メカニズムの進展や，プロセスの異常事象に基づく圧力や温度の上昇などによって閉じ込め機能を消失すると，機械的にハザード物質の漏洩を来たすことになる．また，こうしたプロセスや設備の内的要因だけではなく，ヒューマンエラーや地震，津波，台風などの自然災害も，危害を顕在化させる事象として考慮される必要がある．こうしたハザードの特定と危害発現に至る事象やシナリオの評価作業は「Process Hazard Analysis：PHA」と呼ばれている．

　ハザードの抽出や選別段階では網羅性を確保し，かつ恣意的な判断を排除するために**表 1.1** に例示するような，さまざまな手法が用いられている．What-if 解析や HAZOP は最もよく用いられる方法である．また，忘れてならないのはヒューマンファクター解析である．ヒューマンファクターはハザード解析のあらゆるステージに関わる課題である．

表 1.1　ハザードの特定方法の例

解　析　方　法	特　　　　　徴
安全点検 (Safety Review)	プラント内の歩行による点検や，設計書類，運転・保全・検査の記録などの文書のレビューにより設備の状態，異常箇所や現場の作業状況，管理状況などの問題点を探す．
チェックリスト分析 (Checklist Analysis)	共通的なチェックリストを作成し，これを基に，現場設備や労働者の作業，文書類をレビューする．
相対的ランク分析 (Relative Ranking Analysis)	設備，プラント，工場，会社などの状態，運転，保全方法や管理方法などを多面的に比較評価する方法．Dow の火災爆発指数や ICI の Mond 指数，OSHA の物質ハザード解析法などの評価指標も色々と提案されている．
予備的ハザード解析 (Preliminaru Hazard Analysis)	詳細解析を用いて主たるハザードの特定をする前に，予備的に行わる解析．通常は予備設計段階で用いられる手法で，ハザードとなり得る要素ごとに，その状況や潜在的事故の可能性，それによる影響などを表形式にまとめる．
What-if 解析	ハザードとなりうる物質や条件に対して，起こり得るシナリオを想定し，それがもたらす結果より，起因となるハザード深刻さを判断する方法．
What-if/Check List 解析	What-if 法と Check List 法を組み合わせた方法．
HAZOP：ハゾップ (Hazard and Operavility Study)	石油・化学設備でよく用いられている方法で，プロセスフロー図を用いて，流れに従って各プロセスや設備で通常の状態からの逸脱を想定し，その際に発生の可能性のある問題を抽出する方法．
FMEA：故障モード・影響解析 (Failure Mode and Effect Analysis)	システムやプロセスの構成要素に起こりうる故障モードを予測し，考えられる原因や影響を事前に解析評価する方法．
FMEAC：故障モード・影響・致命度解析	FMEA をベースにして，故障モードが発生する頻度を加味して故障リスクの大きさを算出し安全性を定量的に評価する解析手法．
FTA：故障木解析 (Fault Tree Analysis)	起こりうる結果から開始して，シナリオを演繹的に起因事象に向かって遡ることで原因となる事象を解析する方法．
ETA：事象木解析 (Event Tree Analysis)	起因事象から開始して，その事象の進展を阻止しうる機能の成否を順番にたどり最終的な事象やその発生確率を評価する方法．
原因・結果解析 (Cause-Consequence Analysis)	FTA と ETA を併せた解析方法．起因事象から不都合な影響の連鎖を作成し，不都合な事象の発生確率を評価する．
人的要因解析 (Human Factor Analysis)	ヒューマンエラーに起因する事故を防止するために，何が事故を発生させる事象でその発生に影響する人的要因（ヒューマンファクター）は何かを解析する方法．
インシデントデータベース (iancidenr Database)	過去の経験を振り返ることにより，発生の可能性のある事象をリストアップする．

　こうした事象により発現した危害の LoF，CoF を測定する方法としては大きく分けて定性的な方法と定量的な方法の2種類があるが，リスクアセスメントの対象となる事象の複雑さやそれに必要なデータ・情報の入手の可能性などによりこれら2つの方法が組み合わせて用いられることも多い．特に，化学工業のプロセスでは原子力プラントや石油精製プラントと異なり，多種多様な化学物質による複雑な化学反応があり，プラント形式，規模，プラント年齢，機器の形式や使用される設備材料，自動化の程度，機器の形式，工場周辺の環境や人口などのプラントパラメーターもさまざまである．また，工場内だけではなく，自動車，鉄道，船舶，連絡配管（地下埋設管の場合もある）などによる製品輸送も考慮に入れて，火災，爆発，毒性影響，環境汚染などが複合した社会や環境への影響を評価する必要がある．したがって，このような複雑なシステムのリスクアセスメントに数理的な完璧性を求めるのは現実的ではないが，それには真実を反映させなくてはならないし，真実を探求するためのものでなくてはならない．また，リスク評価の結果をどのように使うかも，解析と同様に重要である[13]．

1.4.2　定性的リスクアセスメント方法 ────────────■

　定性的リスクアセスメントでは次節で紹介する定量的リスクアセスメント方と比較すると，アセスメントの対象とするハザードは大ぐくりとなる場合が多く，大局的に対象設備のリスクアセスメントを実施するには適した方法である．したがって，要素的なハザードを特定してそれに起因する危害を個別に評価するのではなく，危害の発生のしやすさ（LoF）や危害の影響の大きさ（CoF）の評価プロセスにおいて，多面的に危害に至るプロセスや危害の影響を相対的に評価できるようにリスクアセスメントの方法が仕組まれていることが多い．

　定性的リスクアセスメント方法では，リスクのランク付けをするために，LoF と CoF を両軸とするリスクマトリクス図を用いることが多い．**図 1.6**はオーストラリア/ニュージーランド規格 AS/NZS 4360 の旧版（1999 年）に示された，身体の障害をきたす危害の定性的リスク評価のためのマトリクスである．図に示されたように，LoF と CoF をマトリクスの両軸に配して，それぞれを図に示されたような基準を用いてレベル付けを行い（この場合で

Level	影響の程度	具体例
1	微々たるもの	怪我はなく経済損失もわずか
2	軽微	応急手当程度の怪我 漏洩は直ぐにその場で収拾 経済損失は中程度
3	中程度	治療が必要な怪我 外部の支援が必要な漏洩 経済損失は大
4	重大	重傷者発生 外部漏洩があるが被害はなし 生産損失発生，大きい経済損失
5	大災害	死亡災害発生 有害物質が外部へ放出され被害発生 甚大な経済損失

LEVEL	起こりやすさ	具体的な説明
A	ほぼ確実	殆どの状況で発生が予測される
B	可能性大	殆どの状況で発生するであろう
C	ありうる	時々起こりうる
D	可能性低い	時々起きることがある
E	希に起こる	特別な状況下で起きるかもしれない

起こりやすさ＼影響の大きさ	1	2	3	4	5
A	H	H	E	E	E
B	M	H	H	E	E
C	L	M	H	E	E
D	L	L	M	H	E
E	L	L	M	H	H

図1.6　AS/NZS 4360（1999）による定性的リスク評価

あれば5段階に）マトリクス中にプロットすることでリスクが「低，中，高，深刻」の4段階にランク付けされる．このレベル区分やランクの各マス目への割り付けは，リスクアセッサーが決めてもよい．例えば，発生の可能性は低くとも影響の大きい事象はリスクを高く評価するマトリクスの設計もありうる．LoF，CoFの評価基準に類似した方法は多くのリスク評価規格でも採用されている．例えば，機械類の安全性に関わるリスクアセスメント規格であるJIS B 9700：2013（ISO 12100：2010に対応）では機械に存在するハザードが具体的に詳しくリストアップされており，これらの各ハザードについてリアスクアセスメントが実施される．AS/NZS 4360の2004年版の運用ガイド[14]ではLoFに関しては損失利益（金額），安全衛生（負傷者の数と酷さなど），自然環境（生態系への影響など），社会資産への影響，企業の社会的信用度への影響，法令違反の有無などについての評価項目が例示されている．定性的評価であってもこのように評価項目と判断基準を明確に示すことでアセスメント結果の信頼性は向上する．また，API RP 581 Risk Management規格初版ではLoFとCoFのそれぞれについて，ポイント配分をした質問項目のリストを用意し，yesとチェックされた質問項目のポイントの総計を用いてレベル順位づけ行い，LoFとCoFを両軸とするリスクマト

リックスに記入してリスクランクを判定している．チェックリストの使用により個人的な判断のばらつきを小さくすることが可能となる．こうした評価あるいは判断の個人的な偏りの修正には，複数の評価者の判断を，繰り返して行うことにより修正を積み上げていく Delphi 法[15] がよく用いられている．

　定性的リスクアセスメント法は，定量的リスクアセスメントに必要とされる信頼性の高い一般損傷頻度データ（GFF）や，事象木解析（ETA），故障木解析（FTA）で用いられる故障，失敗確率などの入手が困難な場合に選ばれることが多いが定量的リスクアセスメントの実施が必要とされるハザードを選択するためのスクリーニング手段として用いられることもある．「定性的」とはいえ業務・設備に精通し，経験の豊富な各部門（設備の設計，建設，創業，保全，保安，設備材料など）の専門家がリスクアセッサーになれば，幅広く総括的かつ網羅的なリスク評価を過大な資源を使うことなく効率的に実施することが可能で，より示唆に富む評価結果を得ることも可能である．特に，リスクが，「危害の発生頻度に支配されるのか」，あるいは「影響の大きさに支配されるのか」といったリスクの構造を理解することはリスクマネジメントにおける最も重要な要件の1つであり，これには定性的なリスクアセスメントのプロセスが大きな役割を果たしている．よくできた定性的リスク評価方法は，安全監査や操業前安全審査などのツールとしても有用で，定量的方法が必ずしも優れているとは限らない．

1.4.3　定量的リスクアセスメント方法 ■

（i）　危害の顕在化，被害発現のプロセス

　定量的なリスクアセスメントの場合でも，図1.5に示した手順によって実施されることには変わりはなく，また全てのアセスメントのステップにおいて定量的（数値的）な解析方法が確立されているわけではない．例えば，ハザードの探索，特定は各分野の専門家の経験や知識の集成がより重視されている．ただし，定量法においては，多くの場合特定されたハザードのそれぞれについて対応する危害を設定し，それらの危害の LoF を発生頻度として数値で求め，CoF は，例えば漏洩物質が拡散して法規などで定められる閾値に達するまでの距離や環境汚染面積，爆発により構造物が一定の被害を受けた面積，人の死亡率，金銭的損失などの数値で表現し，この両方の数値の

積をリスクとしている[13]．なお，LoF は，ISO Guide 51 では「危害の発生確率（Probability of occurrence of harm）」と定義されているが，リスクアセスメントにおいては「危害の1年間あたりの発生頻度」で示されることが多く，数学的な確率論で用いられる確率ではないことに注意する必要がある．このため ISO 31000（2018）では「probability」ではなく「likelihood」という用語を使うべきとしている．本書では，原則として ISO 31000 の定義に従うが，安全に関わる規格や基準に示されたリスクアセスメントの場合は，ISO Guide 51 に基づいて「probability」という用語を使用していることが多くこれに対しては「発生確率」という日本語があてはめられており，この場合は「LoF」ではなく「PoF」という略語が使われている．

（ii）　ハザードの特定と危害事象の想定

　石油・化学プラントのプロセスと設備に潜在するハザードの発見と，そのハザードが顕在化して危害に至るシナリオの構築はリスクアセスメントの成否を決定する重要なステージである．したがって，取り扱われる化学物質と，プロセス，および設備の設計，製作，建設，運転，保全，設備廃棄の全てのライフサイクルステージにおいて潜在すると考えられるあらゆるハザードの特定と危害に繋がる連鎖のシナリオ（事象），その結果としての危害をリストアップする必要がある．

　化学物質が有する「危険性」を示す代表的な指標である反応性，安定性，相互反応性データ（例えば引火点，着火点，爆発下限界濃度，分解開始温度，混触危険性などの物理化学的な危険性）や，生体への有害性（毒性）に関するデータについては，例えば安全データシート（SDS）や，OECD が運用する eChemPortal（化審法データベース J-CHECK がリンクしている），EPA と NOAA による CAMEO Chemicals など，さまざまなデータベースで検索が可能である．物質の化学反応性については，CCPS で運用されている Chemical Reactivity Worksheet（CRW）などのツールが無償で提供されている．

　しかし，各社の実際のプロセス条件（特に非定常状態での）での化学反応性にかかわる情報や，分解や重合に対する触媒作用や不純物の影響，高圧，高酸化雰囲気での情報などについては必ずしも十分ではなく，また，ハザー

ドは設備の定常運転時だけではなく停止中，起動・停止過程や負荷変動過
程，保全作業中など何らかの非定常な操作状態にも存在する．反応熱，発熱
速度，断熱反応熱到達温度，反応マスの熱分解性などの反応に関わる危険性
データは，それぞれのプロセスや機器の構造を考慮して断熱型暴走反応熱量
計（ARC）などを用いて個別に事前評価することが重要である．

　プロセスや設備に潜在するハザードは何らかの事象（event）により顕在
化して危害となる．この危害発現をもたらす事象については，「直接事象」
と「根本事象」を検討する必要がある．化学物質の反応や分解，また設備の
劣化・損傷などは直接事象であることが多く，その要因となるプロセスや設
備の設計ミス，あるいは運転ミスなどが「根本事象」となることが多い（リ
スクマネジメントの視点からは，こうしたヒューマンエラーには，さらに組
織的要因などの根本要因が存在すると考えられている）．1984 年にインドの
ボパールで発生したセベソ事故を例にとると，危害としては「強い生態毒性
を有する反応中間物質（メチルイソシアネート）を貯槽で保管中，異常な反
応が進行して急激な発熱・昇圧が生じ容器からダイオキシンが漏洩し飛散し
た」と考えられる．これは危害を発現させた直接事象であり，その根本事象
としてはタンクに接続された配管の遮断措置が不十分であったために水が混
入して異常反応が発生したことであり，さらにここでは設備の保安管理が極
めてずさんであったこと，有毒ガスが漏洩した場合の減災設備（スクラバー
や燃焼設備など）の全てがメンテナンスされず不作動状態であったこと，安
全マネジメントの不在などが指摘されている．危害の起因事象として設備材
料の損傷メカニズムを考える場合も，強度設計や耐食設計の段階で想定でき
なかった事象が危害の起因異なることが多い．例えば，設備構造的な要因に
より腐食成分の濃縮場が形成されることによる腐食減肉や応力腐食割れ発生
（保温材下腐食はその代表例），また，耐食ライニング材を施した設備の溶接
継手に異材接合部が存在し，この部位に材料の脆化域が生じた，あるいは高
温度域での操業による材料の経年脆化が生じた設備の耐圧テストを常温域で
実施したために脆性破壊が発生した事故が経験されている．こうした複合
的，あるいは日常の管理下では生じ得ない潜在的な事象を事前に発掘できる
ような動的なプロセス設備の解析作業が必要とされる．

　しかし，多くの危害の発現には，その根本原因として操業のミス，設備管理の不良，不適切な材料設計などのヒューマンエラーに基づくことが多い．こうしたエラーは，たとえ根本原因であっても定量的リスクアセスメントとして評価対象とするのが困難な場合が多い．

（ⅲ）　発生確率（PoF）の評価

　CCPS から提案されている，石油・化学プラントのプロセス安全に関わるリスクアセスメントを実施する際に用いられる発生確率の評価手順を図1.7[13)] に示す．リスクアセスメントの対象となる機器の信頼できる一般損傷頻度データ（GFF：Generic Failure Frequency）があるなら，これを初期（事前）発生確率として採用し，この確率をアセスメント対象機器個別の条件（損傷メカニズムの進展速度，適用されている検査やメンテナンスの頻度と技術水準，危害発現の原因となる事象のマネジメントの水準，立地条件と自然災害影響の大きさなど）を反映させた修正係数や，インハウスで得られた過去の危害の経験により修正，更新を行い発生確率とする．

　もし信頼の置ける適切な GFF がない場合は，事象木解析（ETA）や防護層解析（LOPA），また故障木解析（FTA），FMEA などを用いて個別に危害の発生確率を計算する．この場合も事象の分岐部の確率データが必要であるが，統計的に得られない場合は専門家が経験に基づいて決めている例がある[17)]．

　GFF はリスクアセスメントの対象となるアイテムごとの危害発生の一般

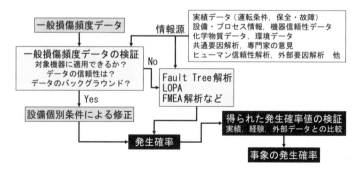

図1.7　化学プロセスのリスクアセスメントにおける発生確率の評価方法

的な頻度を示す数値で，第1.3節に例示するメンテナンス対象機器のリスク
アセスメントを目的とする API RP 581 では，機器タイプ（圧力容器，貯槽，
熱交換器，配管など）ごとに，機器が保有する物質の漏洩の原因となる孔径
（実際に経験された漏洩事象で測定された漏洩箇所のサイズに相当する）を，
4サイズ想定し，過去に経験されたデータを用いて，それぞれの孔径からの
漏洩頻度を求めている．

　これまで公開されている GFF は，産業界の事例報告や文献，データベー
スなどから幅広く集められた損傷記録データを用いて作成されており，機器
の形式やプロセス，損傷メカニズムによらない「一般化」された損傷の発生
頻度となっている．ここで収集された母集団となるデータの量が十分多く均
質であれば点推定法により漏洩頻度の代表値を求めることが可能であるが，
現実には経験された損傷事例が少ない（0ということもある），あるいは推
定値が母分散や母平均値と一致している保証がない場合もしばしばある．こ
うした場合の損傷率は，ある信頼区間を設定し統計的な推論により求める必
要がある[16)20)]．

　したがって GFF を用いる場合には根拠となったデータベースが明記され
ており，それが類似のプロセス産業のデータで巾広く収集されていること
（多くの信頼できるデータソースが参照されていること），データの推論の方
法などを確認して用いることが望ましい．API RP 581 第3版では GFF 作成
のソースとなったデータベースを示し，集められた機器の損傷発生に関する
データは誤り率（error rate）が3〜5%で対数正規分布に従うとして，GFF
の表の数値には中央値を用いたと明記している[3)]．収集するデータの構造や
分類，それらの品質の確保や処理方法などについては ISO で制定されてい
るデータベースの規格[20)] や CCPS のガイドライン[21)] を参考にしてほしい．

　なお漏洩穴径毎に設定された GFF は，発生確率の評価だけではなく，次
節で触れるように影響度評価のための漏洩シナリオの設定にも使用されてい
る．またこの解説は静機器における漏洩を対象としているが，供用期間中の
故障率が一定で信頼のおけるデータが十分に存在する動機器の故障（動機器
では failure は損傷ではなく故障と呼ばれている）の場合は，ワイブル分布
を用いた故障データの解析が広く行われている[20)22)]．

（ⅳ）　影響度の評価

　化学プロセスの安全をマネジメントするためのリスクアセスメントでは，最も深刻な危害を，機器，設備に保有された危険性や毒性を有する物質の漏洩と捉えており，それは**図1.8**に示すような連鎖モデルで影響が外部に及ぶと考えられる．保有物の機器からの漏洩は，構造材料の減肉やき裂などの機械的損傷やプロセスの異常，操業やメンテナンスなどに関わる人的エラーといった内部要因と，自然災害のような外部要因がある．影響度の評価対象となるのは，こうした要因により生じた機器からの漏洩以降のステージであり，その評価方法については次節で詳しく解説をする．影響度の評価では，HAZMAT（Hazardous Material：危険性物質）の漏洩を防止するためのシステムと漏洩した後の影響を提言，緩和するためのシステムの双方も評価される．また法規や安全・衛生基準で定められた毒性や被熱，爆風圧などの人体や構造物に対する閾値も影響度評価では重要な情報である．ただし一般のプロセスリスクアセスメントにおける毒性影響評価では慢性毒性は評価のスコープから外され，急性動性のみが評価されることが多い．

1.4.4　人に対するリスクの基準 ─────────────────────■

　目的に応じてさまざまなリスクの表現が用いられているが，化学品漏洩により生じる危害の人への影響は，個人がある水準以上の被害（死亡者数で設

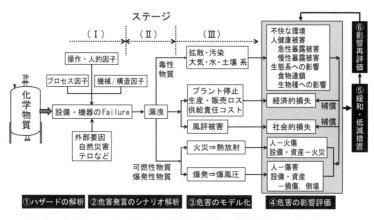

図1.8　化学プラントで発生する危害・影響の発現とその評価プロセス

定されることが多い）を被る1年あたりの頻度である「個人リスク」か，ある水準以上の被害を被る全ての人を対象としたリスクである「集団リスク」で示される事が多い．

　個人リスクはリスクアセスメント対象となった施設周辺における死亡率を等高線で表わす．施設周辺の地点 (x, y) における個人の死亡率は式（1.1）で算出される．

$$IR_{x,y} = \sum_{i=1}^{n} IR_{x,y,i} \tag{1.1}$$

$IR_{x,y}$：(x, y) 地点における個人の死亡リスク　（per year）
$IR_{x,y,i}$：事象 i による (x, y) 地点における個人の死亡リスク　（per year）
n：評価対象とする事象の数
ここで $IR_{x,y,i}$ は，式（1.2）で算出される．

$$IR_{x,y,i} = F_{Ii} \cdot Pf_{,i} \tag{1.2}$$

F_{Ii}：事象 i の発生頻度　（1/year）
$Pf_{,i}$：事象 i が発生した時の (x, y) 地点における個人の死亡確率

　集団リスクはリスクアセスメント対象となった施設周辺における地域の人口密度を考慮して，例えば**図1.9**に示すように，横軸に死亡者数，縦軸に死亡者数がN以上となる累積発生頻度をとったF-N線図で表わされる．ここでは曜日や時間による人口の変動や，周辺地域の人が集まる施設の種類（住居，学校，病院，工場，事務所など）などの条件も考慮され，それぞれリスクの許容限界値が異なっている[23]．

1.4.5　リスクへの対応とその判断基準

　評価されたリスクは，あらかじめ設定された目標管理値と比較をすることで対応方法が決められる．リスクの目標管理値は，法や規格による許容基準値，自社のリスクポリシー（risk appetite など）や受容可能限界（risk capacity）などに基づいて設定するが，絶対的なものではなく社会的な条件や価値観などによっても左右される．リスクが受容可能であれば，そのまま保有し，目標管理値を上回るリスクについては低減や緩和措置を講じる，あるいは損害保険などへリスクを移転するといった対応がとられる．この際に大

切なことは，リスクは決して“0”にはならず，ある水準のリスクが必ず残
留するということである．イギリスの HSE では**図 1.10** に示す Carrot Dia-
gram により残留リスクを受け入れる目安と，その条件を提案している．そ
こではリスクを広く受容できる水準と，決して許容出来ない水準の間に

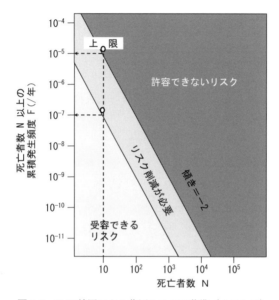

図 1.9 F-N 線図による集団リスクの基準（オランダ）

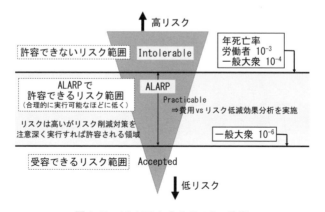

図 1.10 ALARP によるリスクの許容

ALARP（As Low as Reasonably Practicable）[24]）という領域を設けており，
この範囲であれば，残留リスクは合理的に実現可能な水準まで低下させるこ
とで許容されるが，それはあくまでリスク低減対応の継続的な実行が前提と
なっている．すなわち ALARP の領域においては，リスクが厳格にコント
ロールされており，かつそのことが証明されているという条件下で，社会が
自らも便宜を得るためにリスクを我慢（許容）してリスク発生源となる企業
や社会的設備と共存するということになる．

1.4.6　リスクマネジメントの効果の検証のための指標 ■

　リスクマネジメントは，「PDCA というサイクルの基に継続的な改善が積
み重ねられる行為である」という ISO 31000 の原則については，すでに
1.1.2 で紹介した．PDCA の各ステージの中で，プロセス安全のために実行
されたリスクマネジメントプロセスの有効性を評価（チェック）すること
は，より確かな安全を実現するために特に重要であるといえる．これまで紹
介してきた欧米の主要なリスクマネジメントのプログラムには，その目標を
実現するための行為（リスクマネジメントなどの）が目標達成にどれだけ役
立っているか，またその行為により期待する目標がどれだけ達成できたかな
どを示す指標が必ず用意されている．この指標の呼称はさまざまで，アメリ
カの CCPS では "Metric"，また API RP 754[25]) では "Process Safety Per-
formance Indicator"，イギリスの HSE では "Process Safety Indicator"，メ
ンテナンス規格の BS 15341[26]) では "Key Performance Indicator：KPI" と
呼んでいる．個別のリスクに関連して，あるアイテムがリスクに暴露されて
いる度合いを示す "Key Risk Indicator：KRI" と呼ばれる指標もあるが，
これは場合によっては KPI と混同されるので，注意深く用いる必要がある．
例えば地球温暖化防止に取り組んでいる組織にとって，大気中の炭酸ガス濃
度や大気温度は "KPI" となるが，温暖化のメカニズムを研究している組織
にとっては "KRI" になる．

　CCPS ではメトリクスを Lagging Metrics，Near Miss Metrics，Leading
Metrics の 3 種に分類[27]) しており，それぞれ異なった水準のプロセス安全
事象に適用される．Lagging Metrics（遡及メトリクス）は基準を超えたイ
ンシデントに適用される指標で，現在までに実施してきた活動を測定する．

Leading Metrics（予測メトリクス）は現在の活動が将来の安全の改善に繋がっているかを予測するための指標と位置づけられており，その中間に位置する Near Miss Metrics はインシデントの発生につながるような状態を評価するものとされている．**表 1.2** は CCPS が提供している，安全化活動の効果を自己評価し数値で表現することで相対的に比較評価できることを目指し

表 1.2　CCPS による PSM 実施の効果を評価するための Lagging METRICS

深刻度レベル	深刻度ポイント	安全/健康（従業員．請負業者）	火災/爆発/圧力上昇	潜在的な化学品の影響	社会/環境への影響
NA	0	対象外/レベル 4 未満	対象外/レベル 4 未満	対象外/レベル 4 未満	対象外/レベル 4 未満
4	1	プロセス安全に関わるインシデントで，応急処置以上が必要であった（不休災害）．	直接費用出費：$25,000〜100,000	化学品の漏洩が 2 次防護施設内に留まる．or ユニット内に留まる．	急性の（一時的な）環境汚染に対する短期的な修復対応が必要．長期的な費用や監視は不要．e.g. 漏洩物の除去，土壌や植生の除去．
3	3	プロセス安全に関わる出来事で休業災害者がいた．	直接費用出費：$100,000〜1 MM	化学品の漏洩が防護施設外に及ぶが，構内に留まる．or 蒸気雲爆発の可能性のない，可燃物漏洩	マイナーな構外への影響（予防的な防護措置程度の）or 他の規制による監視は不要だが百万ドル以下の環境修復費用が必要であった．or 地方メディアで報道される．
2	9	構内で死亡事故，複数の休業災害者がいた．構外で一人以上の重傷者が発生．	直接費用出費：$1 MM〜10 MM	構外で障害者が発生しうる化学品漏洩．or 建物や爆発危険性のある制限区域に，もし着火した場合には損害や障害者が発生しうる蒸気雲が流入する．	構外の防護措置，緊急避難が必要であった．or $100 万〜$250 万の環境修復費用が発生．州当局によるプロセスの取り調べと監査が入る．or 地方メディアの報道 or 全国メディアで短く報道される．
1	27	構内で複数の死者が発生．構外で死者が発生．	直接費用出費：>$1 MM	構内外に重大な障害者や死者が発生する可能性がある化学品放出．	数日にわたって全国メディアで報道される．or $250 万以上の環境修復費用が発生した．連邦政府の取り調べと監査が入る．or 重大な地域への影響が生じる．

たプロセス安全遡及メトリクス[27]である．

　API RP 754 ではプロセス安全の実績指標（PSPI：Process Safety Per-formance Indicator）を第1階層から第4階層（Tier 1〜Tier 4）の4階層で構成し，例えば階層3を達成指標（Performance Indicator：Challenge to Safety System），階層4を活動と管理状態（Operating Discipline と Management System）の指標と位置づけ，1から4の各階層に対して詳細で具体的な区分定義（例えば漏洩物質の種類とその漏洩量の閾値など）を与えている．

　EN 16991 では RBI（Risk Based Inspection）実施の効果を測定する KPI を，イギリスの HSE では設備の経年化を損傷メカニズム解析による材質劣化指標で測定する基準を提供[28]している．またイギリスのメンテナンス規格である BS 15341 では，実施されたメンテナンスに影響を及ぼす外部要因（労賃，法令，市況など）と内部要因（プロセスの厳しさ，プラント規模，設備の経年状況など）に対応して，経済性，技術水準，管理水準を測定する詳細な KPI を示している．このような設備管理に関わる測定指標は，アセットマネジメントに関する規格である ISO 55001[29]の枠組みにも含められている．

　このような結果あるいは成果で評価する仕組みは，単に保安体制が組織化されているか？　検査や品質管理部門は独立して権限を有しているか？ RBI を実施したか？　というような評価の仕組みとは一線を画するものと言ってよい．

■ 第1章　参考文献 ■

1) ISO/IEC Guide 51, Safety Aspects-guidelines for their inclusion in standard (1999)
2) CCPS, Guidelines for Chemical Process Quantitative Risk Analysis, (2000) John Wiley & Sons
3) API RP 581, Risk-Based Inspection technology 3rd. Ed., API (2016)
4) ISO/IEC Guide 73, Risk management-Vocabulary-Guidelines for use in standards (2002)
5) Health, Safety and the Environment in the Petroleum Activities and at Certain Onshore Facilities (The Framework regulations), Section 11 Risk reduction principles, Petroleum Safety Authority Norway
6) CCPS, Guidelines for Hazard Evaluation Procedures, AIChE (1995)
7) ISO 31000 2nd edition, Risk management-Guidelines (2018.2)

8) COSO Homepage, https://www.coso.org/Pages/default.aspx
9) DIRECTIVE 2012/18/EU OF THE EUROPEAN PARLIAMENT AND OF THE COUNCIL of 4 July 2012 on the control of major-accident hazards involving dangerous substances, amending and subsequently repealing Council Directive 96/82/EC
10) イギリス法令, 2015 No. 483, HEALTH AND SAFETY The Control of Major Accident Hazards Regulations 2015
11) CCPS, Guidelines for risk based process safety, Wiley-Inter science (2007)
12) CCPS, Layer of Protection Analysis, AIChE (2001)
13) CCPS, Guidelines for Chemical Process Quantitative Risk Analysis, A John Wiley & Sons (2000)
14) Standards Australia/Standards New Zealand, Risk Management Guidelines Companion to AS/NZS 4360 : 2004
15) Chia-Chien Hsu, the Delphi Technique, Practical Assessment Research & Evaluation, 12, 10 (2007)
16) 熊本博光, モダン信頼性工学, コロナ社 (2005)
17) 消防庁特殊災害室, 石油コンビナートの防災アセスメント指針 (2013)
18) M. Rausand, System Reliability Theory, Wiley International (2004)
19) The Committee for The Prevention of Disasters by Hazardous Materials, Guidelines for quantitative (1999) : Purple Book
20) ISO 14224, Petroleum, petrochemical and natural gas industries-Collection and exchange of reliability and maintenance data for equipment (2006)
21) CCPS, Guidelines for Process equipment reliability Data : with Data Tables, AIChE (1989)
22) EN 16991 Risk-Based Inspection Framework (2018)
23) Sebastiaan N. Jonkman 他, Flood Risk Assessment in the Netherlands : A Case Study for Dike Ring South Holland Risk Analysis, 28, 5 (2008) 1350-1373
24) Health and Safety Executive UK, guidance on Regulation : The Control of Major Accident Hazards Regulations 2015
25) API RP 754, Process Safety performance Indicators for the Refining and Petrochemical Industries, (2016)
26) BS EN 15341, Maintenance — Maintenance Key Performance Indicators (2007)
27) CCPS, Process Safety leading and Lagging Metrics, (2011)
28) Health and Safety Executive UK, Management of ageing : A framework for nuclear chemical facilities (2012)
29) ISO 55001, Asset Management-Management System-Requirement (2014)

2 プロセスプラントにおけるリスクの影響度評価方法

2.1 プラントの危害発現とその影響評価

　プロセスプラントの保安に関わるリスクアセスメント（CPRA：Chemical Process Risk Assessment）においては[1)2)]，機器が保有する可燃性・爆発性物質あるいは毒性物質（HAZMAT）の存在を「ハザード」と考え，プロセス安全の維持に必要なマネジメント要素の欠陥や破綻が起因事象となり HAZMAT の漏洩（危害）が発生すると考えている．この「危害の発生の可能性」という不確かさと，「危害が発生したときの影響あるいは被害とそれへの対応の実効性」を組み合わせることで「リスク」が見積もられ，保安や環境汚染防止のための規制やマネジメントの対象となる．このように潜在するハザードが起因事象によって顕在化して危害となり，工場の構外に影響を及ぼすプロセスをボウタイモデルとスイスチーズモデルを用いて図 2.1 に示した．このモデルでは発現した危害を中央に置き，その左側に危害発現までのプロセスを，右側に発現後の展開を置く．化学プラントでは危害の発現を予防する，あるいは危害発現後のその拡大を緩和するための防護層が多重に設置されているが，事象はその欠陥をぬって進行，拡大をする．このプロセ

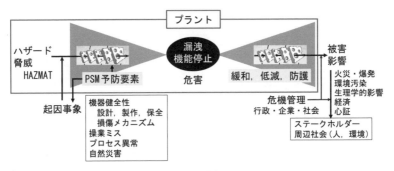

図 2.1　潜在的ハザードが被害発生に至るプロセス

スは事象木解析（ETA）や防護層解析（LOPA）などによる詳細解析に結びつけることが可能である．

　本書が対象とする化学プロセスで発生する危害の「影響評価」はボウタイモデルの右半分となるが，危害が発現した場合の「影響」の形態としては，毒性物質の拡散による人の健康・生命被害と環境系（大気，水，土壌）の汚染，火災爆発による人と設備への物理的被害に加えて，企業経営への影響（設備の損傷に伴う生産停止損失と，社会生活の混乱への補償，風評被害なども含む）を対象と考えている．特に，過去に経験されたイタリアのセベソやインドのボパールで発生した化学品製造設備の重大事故では，構外で生活する一般市民に極めて深刻な被害が広い範囲に及んだことから，欧米の主要なプロセス安全に関する規制においては，"HAZMAT"の漏洩による影響の評価を設備供用開始前に実施し，その結果と対応策を「安全報告書」として規制機関に報告する事を必須事項として求めている[3)4)]．

2.2　危害の影響評価手順の概要

　プロセス安全規制や化学品製造プロセスプラントの安全性評価で要求される化学品漏洩時の影響評価の具体的手順を**図2.2**に示す[5)6)]．

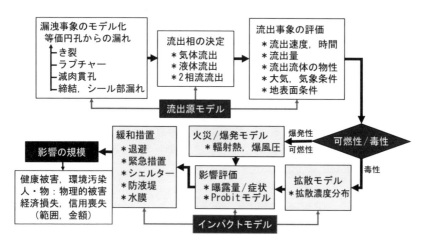

図2.2　危険物漏洩による影響の評価手順

①機器に保有された物質（ここでは流体と考える）の漏洩箇所の形態を単純な形態（主に円孔）にモデル化する.

②設備の保有量，切り離しや遮断までの時間，漏洩設備からの移送能力などから最大漏洩可能量，漏洩時間を推定する.

③流体の保有条件と物性，漏洩事象より漏洩時の流出相を決める.

④流出量と流出速度を計算で求める.

⑤瞬間漏洩か連続漏洩かを決定する.

⑥漏洩した流体が可燃性あるいは爆発性であれば，火災により放射されるふく射熱，爆発による爆風圧の強度分布を計算する.

⑦毒性であれば漏洩して拡散する物質の濃度分布を求める.

⑧ふく射熱，爆風圧，拡散濃度等に関する規制や指針書による基準値をもとに影響面積や影響距離を求める.

⑨影響の緩和あるいは低減のための方法，措置の効果を評価検証し，これらにより低減された面積を修正影響度とする. 経済的影響としては流出源となった機器の損害額（修復，交換費用），周囲で影響を受けた機器の損害額，設備停止に伴う生産損失額，被害を受けた周辺社会への補償や環境の修復に要した費用などを算出する.

⑩必要に応じてドミノ効果の評価を行う.

　次節以降で各ステップの具体的な評価方法を示す.

2.3　流出源モデルによる保有流体の漏洩評価

2.3.1　漏洩事象のモデル

　化学プラントが保有する毒性や可燃性，爆発性を有する化学物資（HAZ-MAT）はさまざまな操作を経て製品となるが，その操作は容器，配管，貯槽などの化学機器により閉じ込められた空間で行われる. もしも，このような化学設備・機器類の閉じ込め機能が，例えば異常反応による圧力・温度の上昇，設備材料の劣化メカニズムに基づく減肉やき裂，機械的不具合，溶接欠陥などの設備の製作過程での品質不良，人為的な操作ミスや行為等により損なわれると，閉じ込められていた化学物質が設備，機器の外に漏洩し暴露

される．また，地震動による浮き屋根式タンクのスロッシング，あるいは津波による機器の浮き上がりや転倒とそれに伴う配管破断など自然災害も多量のHAZMAT漏洩被害をもたらしてきた．

このような保有物漏洩時の影響評価においては，多くの場合，漏洩孔の形態を円孔とした簡単なモデルを用いて計算されている[2)5)7)]．API RP 581[5)]では，漏洩計算で用いる漏洩孔として代表直径が1/4，1，4インチの円孔を想定しており，最悪シナリオとなるラプチャーの場合でも直径が16インチの円孔として扱われている．タンクのスロッシングや転倒のような場合にはそれぞれのケースに合わせて漏洩量が計算されるが，例えばスロッシングによる溢流は粒子法を用いたシミュレーション法により評価されている[8)]．

流出が停止するまでの時間と総流出量は，漏洩している機器とそれに繋がる機器に保有されている物質の量，漏洩を生じた機器の上下流にある遮断弁の位置，漏洩している系統からの保有物の移送・抜き出しに要する時間などを考慮して決められる．また法規や規格には流出量を求めるための何らかのルールや定義がなされていることが多い（例えば文献5のPart 3など）．

2.3.2 流出相の決定

流出量や流出速度を求めるために流体の流出時あるいは流出後後の相変化がどう変化するかを決める必要がある．貯槽における流体の貯蔵方式は，**図2.3**に示すように，

①液体を液体のまま貯蔵

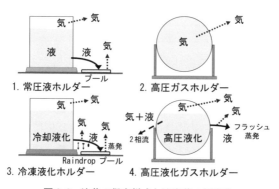

図2.3 流体の保有様式と流出後の相変化

②気体を気体の状態で加圧して貯蔵

③気体を冷凍液化して貯蔵

④気体を加圧液化して貯蔵

の4つの形式に分けることができる．①②の場合には流出に伴う流体の相変化は無く，液体は液体，気体は気体で流出するが，冷凍液化貯蔵された③の形式の貯槽からの流出の場合は，流出後急激に大気温となるため一部は流出過程で気化するが，大部分は地表面にプールを形成してその表面から気化すると考えられる．加圧液化ガス貯槽からの流出の場合④には，流出後まず体積膨張が生じ，それに伴う減圧過程で急激な気化（フラッシング）が生じる．気体は膨張することで，また液体は気化することで温度が下がるが，周囲の空気が流出流に巻き込まれることにより空気の持つ熱が供給されるため気化が進み，ここで気化しきれない液体はエアロゾルとなって噴出すると考えられる．フラッシュ率が小さい場合は噴出した液体は液滴（rain drop）となって落下し，地表面にプールを形成し気化していく．

2.3.3　流出流体の解析

流出流体の流出量や速度を評価するためには図2.4に示すオリフィスモデルが仮定されている[8]．

液体での流出の場合，液面高さ h は流出が継続している間は変化しないと考えると，流出速度 v は式（2.1）で求められる．また，これより単位時間あたりの流出量 m は式（2.2）で求めることができる．

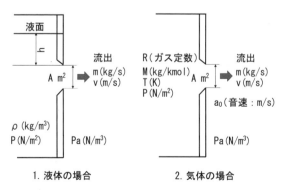

図2.4　流出速度評価のためのオリフィスモデル

$$v(\text{m/s}) = \sqrt{2\left(\frac{P - P_a}{\rho} + gh\right)} \tag{2.1}$$

$$m(\text{kg/s}) = C_d A \rho v \tag{2.2}$$

ここで

C_d：流出係数（通常 0.61 が用いられる[5]），A：流出孔面積（m²），

ρ：流体密度（kg/m³），P：流体圧力（N/m²），P_a：大気圧力（N/m²），

g：重力加速度，h：孔上縁から液面までの高さ（m）

である．

　流出形態が気体の場合は式（2.3）と（2.4）を用いて流出速度が音速以上かそれ未満かの判別を行う．

$$P/P_a \geq r_{\text{crit}}：音速以上 \tag{2.3}$$

$$P/P_a < r_{\text{cri}}：亜音速 \tag{2.4}$$

式中の限界値 r_{crit} は式（2.5）で求める．

$$\gamma_{\text{crit}} = \left(\frac{\gamma + 1}{2}\right)^{\frac{\gamma}{\gamma - 1}} \tag{2.5}$$

これより気体流出量は式（2.6）で計算できる．

$$\dot{m} = C_d A \left(\frac{P}{a_0}\right) \varPsi \tag{2.6}$$

ただし，音速以上の場合の流れ係数は

$$\varPsi = \gamma \left(\frac{2}{\gamma - 1}\right)^{\frac{(\gamma + 1)}{2(\gamma - 1)}} \tag{2.7}$$

亜音速の場合は

$$\varPsi = \left\{\frac{2\gamma^2}{\gamma - 1}\left(\frac{P_a}{P}\right)^{\frac{2}{\gamma}}\left[1 - \left(\frac{P_a}{P}\right)^{\frac{(\gamma - 1)}{\gamma}}\right]\right\}^{\frac{1}{2}} \tag{2.8}$$

で求める．

ここで

γ：気体の比熱比，a_0：気体の音速（m/s）

第2章　プロセスプラントにおけるリスクの影響度評価方法　*33*

である.

　なお，流出が瞬間的である場合は流出量として全重量（kg）を，連続的
である場合は流出速度（kg/s）を用いる．瞬間流出の判断は，ある一定量
の流体が流出するのに要する時間の大小で行う．例えば 4540 kg（10000 lb）
の流体が 180 sec 以内に流出すれば瞬間流出と考える[5]．また後述の式
（2.39）（2.40）に示すような判定式も用いられている.

　加圧液化貯槽の場合，流出による体積膨張に伴う減圧過程でフラッシング
蒸発が生じるため，その流出相は膨張気体と液体の液滴から構成される 2 相
流となり，一部はエアロゾル状になっていると考えられている．このような
2 相流解析のためにいくつかのモデルが提案されているが[9]，簡易な解析で
は漏洩流体を液相単相とみなして解析しており[5]，この場合は最も保守的な
評価となる．また，フラッシュした気体の重量分率を求めるためには式
（2.9）（2.10）がよく用いられている[10].

$$X = 100[(H_u{}^L - H_d{}^C)/(H_d{}^V - H_d{}^L)] \tag{2.9}$$

$$X = 100[C_p(T_u - T_d)/H_v] \tag{2.10}$$

ここで
　X：フラッシュした気体の重量分率
　$H_u{}^L$：液体の貯蔵温度，圧力でのエンタルピ（j/kg）
　$H_d{}^V$：フラッシュ蒸気の圧力，飽和温度におけるエンタルピ（j/kg）
　$H_d{}^L$：下流側の圧力と温度における残留液体のエンタルピ（j/kg）
　C_p：蒸留の温度と圧力における液体の比熱（j/kg℃）
　T_u：上流の液体温度（℃），T_d：下流の温度における液体の飽和温度（℃）
　H_v：下流の圧力と対応する飽和温度（j/kg）
である.

漏洩流体による影響の評価

2.4.1 漏洩による影響の概要

　HAZMAT の漏洩によって生じる主な物理的事象と，それによりもたらされる被害の形態との関係について**図2.5**に示す．火災の場合はふく射熱が人や構造物に及ぼす影響が甚大であるが，火災に伴って発生する「すす」は，大気汚染の原因になっており，特に大規模な山火事や耕地開発のための林野の焼き払いで問題になっている．爆発では爆発による物理的エネルギーとふく射熱，またそれに伴う構造物の飛散による被害が大きく，人体においてはまず鼓膜や肺に損傷が生じる．気体や液体が漏洩し周囲に拡散した場合は，環境や農作物，施設や家屋の汚染と共に漏洩物質の人への健康被害が問題になり，その影響範囲は非常に大きくなる．例えばライン川に面するスイスのバーゼルにある薬品工場で発生した火災の消火に用いた水に，プラントで使用されていた毒性物質が混入し廃水となってライン川に流出し，下流の国々の飲料水採取などに大きな影響をもたらした．イタリアのセベソで発生したダイオキシン漏洩事故による土壌汚染も深刻であった．人の場合急性毒性だ

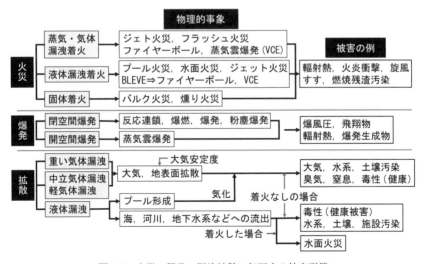

図2.5 火災，爆発，漏洩拡散に起因する被害形態

けではなく，長期にわたる発がん性や遺伝などへの影響も問題になる．漏洩物質が可燃性である場合，水面に流出し拡散，着火した場合には水面上火災が広範囲に拡大する．2011年3月に発生した東日本大震災の際には津波によって流出した油に着火し，津波火災として気仙沼市などの沿岸地域に大きな被害を与えた．この図には示されていないが，こうした直接的な被害だけではなく，工場やその周辺社会における間接被害も甚大である．流出源となった工場においては，機器の損傷に伴う生産停止による販売損失やそのリカバリーに要した費用が機器の修理費用を遙かに上回ることもあり，また事故発生による信用失墜や風評被害は計りしれない．周辺社会においても物理的な被害だけではなく，事故からの避難による社会活動の一時停止や健康被害の後遺症，被災地の社会的価値の低下など，個人にとっても深刻な影響を及ぼす．

　保有された流体の漏洩が，どのような物理的事象に進展するかは，**図2.6**に示すようなイベントツリー図を用いて想定することができる．例えば，液体で流出した場合には，

・液体のまま流出してプールを形成し，そこで着火するプール火災になる．

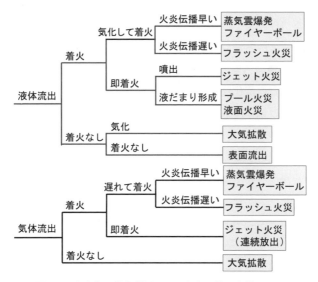

図2.6　流出後の被害進展ルートと生じ得る火災モデル

・噴出している状態で着火するジェット火災となる.
・流出した液体が気化して空気中に拡散し爆発下限界濃度に達したところで引火し, 火炎伝播が早い場合は蒸気雲爆発あるいはファイヤーボール, 遅い場合はフラッシュ火災になる.
・着火しないで気体のまま拡散し, 大気, 水・土壌系を汚染する.

　このような物理事象 (モデル) のそれぞれについて, ふく射熱や拡散濃度などの影響を解析する方法が多数提案されており, 例えば TNO から出版されている通称 "Yellow Book" や S. Mannan の編集による "Lee's Loss Prevention in the Process Industries" などの著書に詳しく紹介されている. 以下の節では, 火災と大気拡散における代表的な物理モデルでの解析手法について紹介する. なお, 危険物取扱設備からの漏洩により生じる火災のモデルについては表2.1に解説する.

2.4.2　火災によるふく射熱影響評価 ━━━━━━━━━━━━■

　燃焼にはよく知られているように「燃えるもの」「酸素供給」「点火源」の3要素が必要である. プラント火災における主な点火源としては, 静電気, 漏洩箇所近辺の高温部位 (設備や走行中の車など), 摩擦熱, 物体がぶつかることで生じるスパーク, 電気設備のスパークなどが考えられている. ただし化学物質を扱う設備では化学物質の酸化熱, 分解熱, 吸着熱, 微生物による発熱などが発火源となり得るので必ずしも外部の点火源は必要ない. 酸素供給体としては酸素 (空気), 塩素, フッ素などの気体, 過酸化水素, 濃硝酸, 過塩素酸などの酸化性液体, また金属酸化物や硝安などの固体がある. 燃焼物質としては気体, 液体, 固体 (樹脂, 木材, 金属粉など) が有るが, 燃焼は常に気体状態で生じており (金属粉の急激な酸化のような事象は除く), 液体であれば揮発成分が, 固体であれば分解した蒸気分が燃焼している. 燃焼に必要な限界酸素濃度は物質により異なる. 燃焼開始温度としては引火点 (可燃性蒸気が燃焼下限界の濃度に達する液温で, 点火源を近づけたときに着火燃焼する最低の温度), 燃焼点 (燃焼が継続するのに必要な最低の液温), 発火点 (点火源がなくても自ら発火する最低の温度) が存在する.

　火災による火炎から発散されるふく射熱は, **表2.1**に示されたような火災モデルのそれぞれに対して評価方法が提案されている. 代表的な火災モデル

表2.1　危険物漏洩により生じる火災・爆発の形態

火災の種類		概要
jet fire	ジェット火災	圧力を持って噴出する気体/液体に着火した噴流火災.
flash fire	フラッシュ火災	可燃性気体と空気が混合した状態での火災で，火炎の伝播速度は音速よりも小さい.
spray fire	スプレイ火災	スプレイ状に流出する気体/液体に着火した火災一般.
fire ball	ファイヤーボール	可燃性気体が浮力で球状になって浮遊し，外面が空気と混合して一挙に燃焼する.
pool fire	プール火災	プール状に広がった可燃性液体が蒸発することによって燃焼する現象.
tank fire	タンク火災	タンク液面，あるいは気相部で生じた火災. 浮き屋根タンクの屋根周囲でリング状に燃える火災, 浮き屋根沈下すると全面火災となる.
running fire	伝播火炎	連続した気体流や地面，あるいは水面上に流出した可燃物を伝播して広がる火災.
VCE (vapour cloud explosion)	蒸気雲爆発	可燃性蒸気が放出され空気と混合して可燃域になった蒸気雲に着火して，急速に燃焼する現象.
BLEVE (boiling liquid expanding vapour explosion)	BLEVE	多量の過熱された液体の圧力が急激に低下して（容器破壊などにより）一気に突沸し，これに着火することにより発生する急激な火災. 液化タンクが外部火災や漏洩火災の影響で外部から加熱された場合に生じる.
explosion	爆発	物質が急激に熱を伴いながら体積膨張をきたし，振動や爆音を伴って変化する現象.
combustion explosion (deflagration)	爆燃	膨張速度（爆速）が音速に達しない爆発. 可燃性混合気中の火炎伝播と同じ現象であり，圧力，密度，温度などの燃焼特性は全て火炎面の前後で連続的で，圧力変化もほとんどない.
detonation	爆ごう	爆速が音速を超え衝撃波を伴う爆発. 爆ごう表面では衝撃波が発生しその後方で化学反応が生じ発熱する.
physical explosion	物理的爆発	非反応性の高圧貯蔵気体が容器の破壊で一挙に噴出する現象.

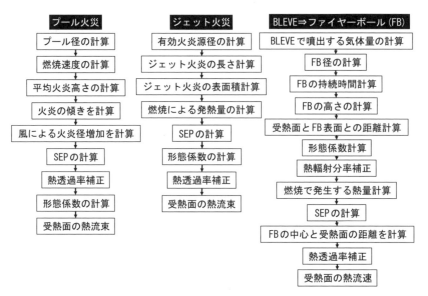

図 2.7　火炎形態と放射される輻射熱の計算手順

の評価手順を**図 2.7** に示すが，いずれの火災モデルにおいても基本的には以下に示すステップに基づいている．

①火炎を円錐，円筒，球などの単純な形状にモデル化し，その代表寸法から火炎モデルの表面積を求める．計算を簡単にするために火炎形状を点源とする場合もある．

②火炎表面より発せられる表面ふく射熱流速（Surface Emissive Power：SEP）を求める．この値は燃焼する物質により決まる．

③火炎と任意の受熱面の幾何学的関係から受熱面で受けるふく射熱を算定する．

④ふく射熱の閾値や Probit 関数などを用いて影響面積，距離を求める．

　次に，プール火災を例にとり，計算手順を具体的に紹介する[11)12)13)]．

　漏洩した液体が形成するプールのサイズは，プールが円形であると仮定して瞬間流出（一定量の流体が一時堤に流出した場合）と連続流出（一定の流出速度で連続して流出している）の場合について Shaw の提案した式（2.11）（2.12）で求めることができる．

瞬間流出の場合のプール半径 r（m）は

$$r = (t/\beta)^{1/2} \tag{2.11}$$

ここで

$\beta = ((\pi\rho_L)/8gm)^{1/2}$, ρ_L：密度，g：重力加速度，

m：漏洩した化学物質の重量（kg），t：時間（s）

である.

連続流出の場合は

$$r = (t/\beta)^{3/4} \tag{2.12}$$

ここで

$$\beta = (9\pi\rho_L/32gm)^{1/3}$$

である.

プール形状が円ではないときは次に示す式（2.13）により等価プール径を求める.

$$D_{eq} = 4(A_p/S_p) \tag{2.13}$$

ここで

D_{eq}：等価プール径，A_p：プール表面積，S_p：プールの周長

である.

プールが地表面に形成された場合，地熱によるプール表面からの蒸発速度は式（2.14）で求めることができる.

$$m_g = [\lambda_s(T_a - T_b)]/H_{vap}(\pi a_s t)^{1/2} \tag{2.14}$$

ここで

m_g：地表面からの蒸発速度（kg/s），λs：表面での熱伝達（W/m K），

T_a：常温（K），T_b：流体の飽和温度（K），H_{vap}：蒸発エンタルピ

（Jkg），a_s：表面熱拡散性（m²/s），t：時間（s）

である.

地上にプールを形成した後，流出が止まり時間が経過すると地表面から

プールへの熱の供給は減少し，主に大気からの受熱で蒸発が進む．このとき
の蒸発速度 m_w は Sutton による式（2.15）で求めることができる．

$$m_w = a(P_s M/RT_a)u^{(2-n)/2+n}r^{(4+n)/(2+n)} \tag{2.15}$$

ここで

　m_w：大気からの受熱による蒸発速度（kg/s），

　a：大気安定度により決まる係数（中立の場合 0.25 が使われる）

$n = 0.25$（乱流因子），P_s：飽和蒸気圧，M：分子量，R：気体定数，

　T_a：大気温度（K），u：高さ 10 m での風速（m/s），r：プール半径（m）

である．

　漏洩した流体の単位面積あたりの燃焼速度 m_c（m/s）は式（2.16）で求め
られる．

$$m_c = 0.001 H_c/C_p(T_b - T_a) + H_{\mathrm{vap}} \tag{2.16}$$

ここで

　C_p：定圧比熱（J/kg K），T_a：大気温度（K），T_b：大気圧での沸点（K），

　H_c：燃焼熱（J/kg），H_{vap}：蒸発熱（J/kg）

である．

　これらの結果より，半径 r のプールから発せられる全ふく射熱流束 Q_t
（J/m²s）は式（2.17）で求めることができる．

$$Q_t = [(\pi r^2 + 2\pi r H)m_c \eta H_c]/[72(m_c)^{0.61} + 1] \tag{2.17}$$

ここで

　η：燃焼効率（0.13〜0.35）の値を用いる．

なお，風のない場合の火炎高さ H（m）は式（2.18）で求められる．

$$H = 84r[(m_c)/\rho_a(2gr)^{1/2}]^{0.6} \tag{2.18}$$

ここで

　ρ_a：空気の密度

　また，火炎の表面温度 T_f がわかれば火炎表層部から熱ふく射により生じ

る熱流束 Q_s（SEP：J/m²s）はステファン-ボルツマンの法則により式 (2.19) で求めることができる.

$$Q_s = \varepsilon \, \sigma \, (T_f{}^4 - T_a{}^4) \tag{2.19}$$

ここで

　ε：放射率, σ：ステファンボルツマン定数 5.67×10^{-8}（J/m²sK⁴）,

　T_f：火炎の表面温度（K）, T_a 大気温度（K）

である.

　火炎の形状を考えないで, 燃焼エネルギーが火炎の中央の仮想点から放射状に放出される「点源モデル」を仮定すると, 火炎中心から距離が x（m）離れた受熱面における熱ふく射量 q（J/m²s）は式（2.20）で求めることができる.

$$q = t_a \, Q_s \, \phi \tag{2.20}$$

ここで

　t_a：熱透過率, ϕ：点源の形態係数（$\phi = 4\pi x^2$）

　プール火災の場合は図2.8に示す「円柱型火炎モデル」がよく用いられる. 火炎の表面温度は燃焼する物質固有の値なので, 燃焼ガスからの放射率は一定とすると, 火災モデルが異なっても SEP は変わらない. したがって受熱面が受ける熱ふく射量 q は, 形態係数のみによって決定される. ここでは平底円筒型貯槽の全面プール火災時に用いられる円柱火炎モデルにおける形態係数の計算式を, 受熱面が地表面にあり火炎円筒軸に水平の場合と垂

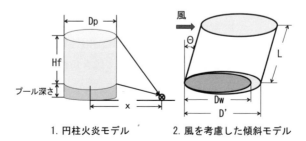

1. 円柱火炎モデル　　2. 風を考慮した傾斜モデル

図2.8　プール火災輻射熱評価のために単純化した円柱型火炎モデル

直の場合について式 (2.21.a) (2.21.b) に示す[14)15)].

$$\phi_h = \frac{1}{\pi}\left[\tan^{-1}\left\{\left(\frac{x_r+1}{x_r-1}\right)^{1/2}\right\} - \frac{x_r{}^2-1+h_r{}^2}{\sqrt{AB}}\tan^{-1}\left\{\left(\frac{(x_r-1)A}{(x_r+1)B}\right)^{1/2}\right\}\right] \quad (2.21.\text{a})$$

$$\phi_v = \frac{1}{\pi}\left[\frac{1}{x_r}\tan^{-1}\left\{\left(\frac{h_r{}^2}{x_r{}^2-1}\right)^{1/2}\right\} + \frac{h_r(A-2x_r)}{x_r\sqrt{AB}}\tan^{-1}\left\{\left(\frac{(x_r-1)A}{(x_r+1)B}\right)^{1/2}\right\} - \right.$$

$$\left. \frac{h_r}{x_r}\tan^{-1}\left\{\left(\frac{x_r-1}{x_r+1}\right)^{1/2}\right\}\right] \quad (2.21.\text{b})$$

ここで

$h_r = \text{H}/r,\ x_r = x/r,\ A = (x_r+1)^2 + h_r{}^2,$
$B = (x_r-1)^2 + h_r{}^2,$

r：プール半径，x：火炎底面中心から受熱面までの距離

である.

　プール火災では燃焼により発生する煤により，火炎から発散されるふく射熱が遮断される．特にプール径が大きくなると火炎の中央部では酸素の供給が不十分となり，煤の発生量が増加しふく射熱遮断効果も増大する．煤により遮断されたふく射熱の計算法については式 (2.22.a) (2.22.b) を例として示す.

$$Q_{\text{red}} = Q(1-\text{s}) + Q_{\text{smoke}} \times \text{s} \quad (2.22.\text{a})$$

$$Q_{\text{red}} = 140e^{-0.12D_p} + 20(1-e^{-0.12D_p}) \quad (2.22.\text{b})$$

ここで

Q：煤のない場合の火災の表面ふく射エネルギー (J/m²s)，Q_{red}：煤で低減したふく射エネルギー，Q_{smoke}：煤のふく射エネルギー，s：煤で覆われた面積率

　火炎に対する風の影響は図2.8に示すように，円柱状の火炎を風下側へ傾斜させると同時に火炎径も伸張して評価する．傾き角度 θ は式 (2.23) で計算される[16)].

$$\tan\theta/cos\,\theta = a' \times (Fr)^{b'} \times (Re)^{c'} \times (\rho_v/\rho_{air})^{d'} \quad (2.23)$$

ここで

$Re = D \cdot (u_w/v)$：（レイノルズ数），

$Fr = u_w{}^2/(g \times D)$：（フルード数），

v：空気の動粘度，u_w：風速，g：重力加速度，D：プールの径，

ρ_v：可燃性蒸気の密度，ρ_{air}：空気の密度，

a'：1.9, b'：0.399, c'：0.05, d'：0[13)]

また，風下側へ伸張したプール径 D' は式（2.24）で計算される．

$$D'/D_w = g' \times (Fr)^{h'} \times (\rho_v/\rho_{air})^{i'} \tag{2.24}$$

ここで

D_w：プール径（円形プールの場合は $D = D_w$, D'：伸びた径，

g'：1.5, h'：0.069, i'：0[13)].

火炎が傾斜した場合の形態係数は受熱面が地表面に水平の場合は式（2.25），垂直の場合は式（2.26）で計算できる[13)]．

$$\pi\phi_h = \tan^{-1}\left(\frac{1}{D}\right) + \frac{\sin\theta}{C}\left[\tan^{-1}\left(\frac{ab - F^2\sin\theta}{FC}\right) + \tan^{-1}\left(\frac{F^2\sin\theta}{FC}\right)\right]$$
$$+ \left[\frac{a^2 + (b+1)^2 - 2(b+1+ab\sin\theta)}{AB}\right]\tan^{-1}\left(\frac{AD}{B}\right) \tag{2.25}$$

$$\pi F_v = -E\tan^{-1}D + E\left[\frac{a^2 + (b+1)^2 - 2b(1 + a\sin\theta)}{AB}\right]\tan^{-1}\left(\frac{AD}{B}\right) +$$
$$\frac{\cos\theta}{C}\left[\tan^{-1}\left(\frac{ab - F^2\sin\theta}{FC}\right) + \tan^{-1}\left(\frac{F^2\sin\theta}{FC}\right)\right] \tag{2.26}$$

ここで

$a = L/r, b = x/r, L$：火炎の長さ

$$A = \sqrt{a^2 + (b+1)^2 - 2a(b+1)\sin\theta}$$

$$B = \sqrt{(a^2 + (b-1)^2 - 2a(b-1)\sin\theta)}$$

$$C=\sqrt{(1+(b^2-1)\cos^2\theta)}$$

$$D=\sqrt{(b-1)/(b+1)}$$

$$E=(a\times\cos\theta)/(b-a\times\sin\theta)\quad F=\sqrt{(b^2-1)}$$

　ファイヤーボールから発散されるふく射熱は図2.7に示した手順によって計算される. ファイヤーボールの直径 D_c (m)（燃焼最終段階の最大径）は放出された流体の重量を m (kg) とすると, 式 (2.27) で与えられる.

$$D_c=5.8m^{1/3} \tag{2.27}$$

また, ファイヤーボールの持続時間 t_c (s) は

$$t_c=0.45m^{1/3}\qquad (m<30000\,\text{kg の時}) \tag{2.28}$$

$$t_c=2.6m^{1/6}\qquad (m>30000\,\text{kg の時}) \tag{2.29}$$

となる. ファイヤーボールから単位時間に放射されるふく射熱 Q は式 (2.30) で与えられる.

$$Q=H_c m\eta/t_c \tag{2.30}$$

$$\eta=0.27P_o^{0.32} \tag{2.31}$$

ここで

　H_c は燃焼熱 (J/kg), m は燃焼する物質の質量 (kg), η は燃焼効率

　P_o は貯蔵された流体の最初の圧力 (MPa)

である.

　この Q により半径 r の半球領域において受けるふく射熱流束 q は式 (2.32) で示される.

$$q=\phi\,Q\,t_a \tag{2.32}$$

ここで

　Q：放射熱量（J/m²s）　ϕ：球体の形態係数

また，ファイヤーボールの形態係数ϕは式（2.34）で求められる．

$$\phi = \frac{1}{2} - \frac{1}{2}\sin^{-1}\left[\frac{(L_r{}^2-1)^{1/2}}{L_r\sin\theta}\right] + \frac{1}{\pi L_r{}^2}\cos\theta\cos^{-1}\left[-(L_r{}^2-1)^{1/2}\cot\theta\right] -$$

$$\frac{1}{\pi L_r{}^2}(L_r{}^2-1)^{1/2}(1-L_r{}^2\cos^2\theta)^{1/2} \tag{2.33}$$

ここで

　L：球の中心からの距離，$L_r = L/r, r$：ファイヤーボールの半径

2.4.3　爆発による影響の評価 ━━━━━━━━━━━━━━━━━━■

　爆発の影響評価には主に 2 つの方法が用いられている．1 つは爆発による
損傷を直接求める方法，もう 1 つは爆発により発生する圧力などの数値を求
めて，それより損傷を計算する方法であるが，ここでは TNO（オランダ応
用化学研究機構）が示した，より簡単な最初の方法を示す[6)17)]．これによる
と爆発により損傷を受ける領域（爆発源を中心とした円形と考えている）半
径 $R_{(s)}$ は式（2.34）で求めることができる．

$$R_{(s)} = C_{(s)}(N \times E_e)^{1/3} \tag{2.34}$$

ここで

　$C_{(s)}$：実験，経験より得られた定数（**表 2.2** に例示する），

表 2.2　爆発影響評価係数の例

$C_{(s)}$	限界値（mJ$^{-1/3}$）	機器に対して	人に対して
$C_{(1)}$	0.03	建物や機器に深刻な被害	1％死亡 ＞50％鼓膜破れる ＞50％飛来物で重傷
$C_{(2)}$	0.06	建物の外面に修理可能な被害	1％鼓膜破れる 1％飛来物で重傷
$C_{(3)}$	0.15	ガラスが割れる	飛散するガラスで軽い負傷
$C_{(4)}$	0.4	窓ガラスが 10％壊れる	

E_e：爆発による全エネルギー，

N：圧力波伝播から得られる係数（0.1前後の数値が用いられる）
である．

2.4.4 毒性，危険性物質の漏洩大気拡散濃度の評価 ─────■

　機器や設備に閉じ込められていた流体が漏洩し放出されると，流体の漏洩時の状態や物性，漏洩場所などに応じて大気系，水系，土壌系といった異なるルートでの流出・拡散が生じ，特に大気や水の流れ（風や潮流，河川，地下水など）に乗った拡散は広い範囲に影響が及ぶ．大気中の気体拡散では風向，風速，地表面と上空の温度差などの気象条件や地表面の状態（山，平地，建設構造物の多い地域なのかなど）の影響が大きい．火災によって生じた反応物や有害物を含む煙や煤などの大気への広域拡散も問題になっている．水系への流出では流出物の粘度や気化性，拡散媒体（大気や河川水，海水，地下水など）との関係（密度差，溶解性）などが拡散挙動を考える上で重要な因子となる．土壌に浸透した液体は，土壌そのものに吸着されて動植物に吸収されるだけではなく，地下水系に達すると拡散の範囲が大きく広がり，またそのルートも複雑になる．このように漏洩，拡散による被害は複雑でさまざまなルート・形態があり得るが，解析の対象としてモデル化されているケースはその中でも極めて限られており，ここでは大気中に放出された気体の挙動について解説する．

　初期には，大気中に漏洩した気体は，拡散物質の濃度勾配に比例して濃度が減少する方向に流れるという「輸送理論」に基づく解析法が用いられていたが，その後は大気の流れに存在する乱流の不規則運動によって拡散すると考える「乱流拡散モデル」が主流となっている．しかしここで用いられている一様等方性乱流場の理論では，現実の大気中に存在するさまざまな乱流要因により生じる非等方性を表現することができないため，現実的な解法を求めてさまざまなモデルや経験則が提案されている．

　図2.9は大気拡散濃度の一般的な評価手順を示すが，ここに示されるように乱流拡散は風速，風向，気象条件，地表面の地理的状態などの影響を受けて非定常に変化し解析的に解くには複雑すぎる．そこでSuttonは漏洩した拡散物質濃度が風下に向かってガウス分布に従って広がっていくと考え，乱

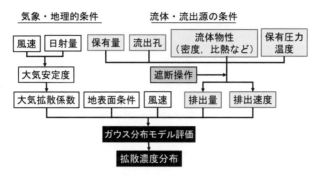

図2.9　大気拡散濃度分布の評価手順

流統計理論を基にして煙突から排出される気体の着地濃度を求める有名な Sutton 式（2.36）を提案した[18].

$$C(x,\, y) = \frac{2Q_m}{\pi\sigma_y\sigma_z u} \times \exp\left\{-\frac{1}{x^{2-n}} \times \left(\frac{H_r^2}{\sigma_z^2} + \frac{y^2}{\sigma_y^2}\right)\right\} \qquad (2.36)$$

ここで

Q_m：排出量（kg），　H_r：漏洩源と考えた煙突の有効高さ（m），

u：風速（m/s）

$\sigma_y,\, \sigma_z$：ガウス分布により広がっていく拡散物質の y 方向および方向の 2 次元濃度分布の標準偏差（拡散パラメーターと称する）．

　したがって $\sigma_y,\, \sigma_z$ の 2 乗は濃度分布の分散になるが，この標準偏差は風速や日射量，放射量などにより，複雑に変化する．そこで Pasquill と Gifford は，気象観察結果から**表2.3**[19]に示すように日射量，雲量，風速（10 m 高さにおける）などの大気条件により定まる A から G まで 6 段階の大気安定度を定義し，各安定度段階に対する拡散パラメータ（Pasquill-Gifford 係数）を，拡散物質の連続流出（プルームモデル：1 時間平均値）と瞬間流出（パフモデル）のそれぞれの場合について求める方法を提案した．図2.10 はプルームモデルの場合の，漏洩源からの距離（x）と巾（y）方向の拡散パラメータの関係を示す．なお，プルームモデルの高さ（z）方向，パフモデルの y, z 方向の拡散パラメータに関する図も文献 20 に示されている．大気安定度は拡散の程度を表すパラメータで，風による力学的要因と地表部と高層

表2.3 Pasquill-Guifford による大気安定度のカテゴリ

日射量	強弱	日中			本曇 (8〜10)	夜間 (雲量)	
		日射量				上層雲 (5〜10) 中・下層雲 (5〜7)	雲量 (0〜4)
		強	並	弱			
	cal/cm²・h	≧50	49〜25	≦24			
	kw/m²	≧0.6	0.6〜0.3	0.3〜0.15	<0.15	≧−0.22 −0.02〜−0.04	<−0.04
地上風速（m／s） <2		A	A−B	B	D	− (G)	− (G)
2〜3		A−B	B	C	D	E	F
3〜4		B	B−C	C	D	D	E
4〜6		C	C-D	D	D	D	D
>6		C	D	D	D	D	D
A：強不安定，B：並不安定，C：弱不安定，D：中立，E：弱安定，F：並安定，G：強安定							

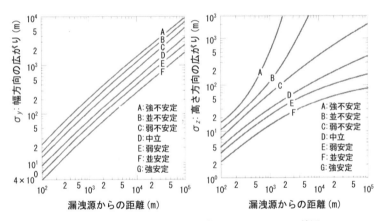

図2.10 プルームモデルにおける Pasquill-Gifford 線図

部との大気層の温度勾配等による熱力学的要因により決められており，排煙の拡散挙動に対して影響を及ぼす.

　また，**図2.10** に示された関係は式（2.36）（2.37）を用いて計算することもできる. なお σ_x と σ_y は等しいと考えている.

$$\sigma_y = ax^b \tag{2.36}$$

表2.4　大気安定度と拡散係数指数の関係

大気安定度	a	b	c	d	e	f	g
A	0.493	0.88	x＝100〜300 m		x＝300〜3000 m		
			0.087	1.1	−1.67	0.902	0.181
B	0.337	0.88	x＝100〜500 m		x＝500〜20000 m		
			0.135	0.95	−1.25	1.09	0.0018
C	0.195	0.99	x＝100〜100000 m				
			0.112	0.91			
D	0.128	0.9	x＝100〜500 m		x＝500〜100000 m		
			0.093	0.85	−1.22	1.08	−0.061
E	0.091	0.91	x＝100〜500 m		x＝500〜100000 m		
			0.082	0.82	−1.19	1.04	−0.07
F	0.067	0.9	x＝100〜500 m		x＝500〜100000 m		
			0.057	0.8	−1.91	1.37	−0.119

$$\sigma_z = cx^d \qquad\qquad (2.37.a)$$

$$\log \sigma_z = -e + f \log x + g(\log x)^2 \qquad\qquad (2.37.b)$$

$a \sim g$ の値は大気安定度ごとに**表2.4**に示す値が与えられている．また σ_z については大気安定度により異なるが，風下距離 x に応じて式（2.37.a）と（2.37.b）を使い分ける．拡散巾の評価時間の補正は式（2.38）で行う．

$$\sigma_y = \sigma_{yp}(t/t_p)^r \qquad\qquad (2.38)$$

ここで

σ_y：評価時間 t における水平方向拡散幅（m），σ_{yp}：基準になる拡散幅，

t：評価時間（min），t_p：基準とした分布の評価時間，

r：1/5〜1/2 を使用（1/5 が最も保守的になる）

次に，煙突から排出される（点源からの放出と定義されている）気体の拡散を考えた場合，流出の瞬間を切り出すと不規則な流れで，下流（風下）における濃度分布も一様ではない．しかしこの瞬間放出をある時間（例えば1

時間）の平均として見れば一定の形状で表すことが可能で，下流における濃度分布はガウス分布に従う．Britter らは式（2.39）が満たされるなら流出源から x メートル離れた位置では連続であるとみなすことができる，また，式（2.40）ならば瞬間流出であると述べている[20]．

$$\frac{u_{ref}\,T_0}{x} \geq 2.5 \tag{2.39}$$

$$\frac{u_{ref}\,T_0}{x} \leq 0.6 \tag{2.40}$$

ここで

　u_{ref}：高さ 10 m における風速（m/s），T_0：流出時間（sec）

　前述のように瞬間的な気体流出に着目してその拡散分布を求めるモデルをパフモデル[21]，連続的に気体が流出した場合の拡散濃度分布を求めるモデルをプルームモデル[22]と呼んでいる．パフモデルは機器が急激に破損し保有流体が瞬間的に流出した場合が考えられる．またプルームモデルは煙突からの排煙の拡散解析のために考えられたモデルであるが，大容量設備から連続的に流出する場合の拡散解析に応用されている．

　パフモデルにおける任意の位置（x, y, z）における流出物の拡散濃度は式（2.41）で求めることができる．

$$C(x, y, z) = \frac{Q_m}{(2\pi)^{3/2}\sigma_x\sigma_y\sigma_z}\exp\left[-\frac{1}{2}\left(\frac{y}{\sigma_y}\right)^2\right] \times \left\{\exp\left[-\frac{1}{2}\left(\frac{z-H_r}{\sigma_z}\right)^2\right] + \right.$$

$$\left. \exp\left[-\frac{1}{2}\left(\frac{z+H_r}{\sigma_z}\right)^2\right]\right\} \times \exp\left[-\frac{1}{2}\left(\frac{x-u_t}{\sigma_x}\right)^2\right] \tag{2.41}$$

ここで

　Q_m：流出気体量（kg），H_r：仮想排出高さ（m），u：風速（m/sec），

　t：放出後の経過時間（sec）

この場合の拡散パラメータ（σ_x, σ_y, σ_z）の値はパフモデルに対する Pasquill-Gifford 図において，大気安定度が不安定（U），中立（N），安定（S）の3段階について与えられている．また仮想排出高さ H_r は図 2.11 に示すように煙突の排気速度による慣性を考慮した排ガス上昇を排出源である煙突排出口の高さに加えたもので，仮想排出高さを求める方法には理論式や実験

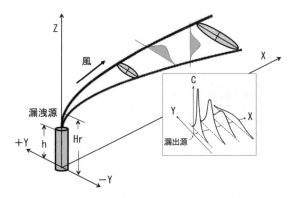

図 2.11　ガウス分布モデルによる排煙の大気拡散

式が数多く提案されている[23]．ここでは公害研究対策センターから発刊されている「窒素酸化物総量規制マニュアル」[24] で用いられている式を紹介する．このマニュアルにおいては仮想排出高さ H_r と実際の煙突の高さの差である ΔH の算出のために，有風時には Concawe 式が，無風時には Briggs 式が用いられており，ここでは観察データから回帰的に求められた Concawe 式を（2.42）に示す．

$$\Delta H = 0.175 Q_H{}^{1/2} u^{-3/4} \tag{2.42}$$

ここで Q_H は排出熱量（cal/s）で，式（2.43）により求められる．

$$Q_H = \frac{1}{4}\pi D^2 V_s \rho C_p \Delta T \tag{2.43}$$

また

　D：煙突口径（m），V_s：吐出速度（m/S），

　ρ：0℃における排出ガス密度（g/m³），

　C_p：定圧比熱（cal/g K），ΔT：排出気体と気温の温度差（K）

である．

　仮想排出高さ H_r は，ΔH を煙突排出口高さに加えることで得られる．

　また，プルームモデルによる任意の点（x, y, z）における排出物の拡散濃

度は次に示す式（2.44）で求めることができる.

$$C(x,y,z)=\frac{\dot{Q}_m}{2\pi\sigma_y\sigma_z u}\exp\left[-\frac{1}{2}\left(\frac{y}{\sigma_z}\right)^2\right]$$

$$\times\left\{\exp\left[-\frac{1}{2}\left(\frac{z-H_r}{\sigma_z}\right)^2\right]+\exp\left[-\frac{1}{2}\left(\frac{z+H_r}{\sigma_z}\right)^2\right]\right\} \tag{2.44}$$

ここで

　$\dot{Q}_m$：流出速度（kg/s）

　この式における拡散パラメータ（σ_y, σ_z）は図2.10あるいは式（2.36）（2.37）により求められる. このプルームモデルの式（2.44）はパフモデルの式（2.41）を時間0から無限大まで積分した式に相当する.

なお, 式（2.41）における

$$\exp\left[-\frac{1}{2}\left(\frac{z+H_r}{\sigma_z}\right)^2\right]$$

は排出された気体が降下して地表面で反射された場合を考慮した項で, これが無視できるなら削除しても良い. また気体排出源が地表面である場合は $H_r=0$ と置けば良い.

　なお, これまで紹介した拡散モデルは, いずれも気体密度が中立であると仮定して, 大気安定度から決まる拡散パラメータを用いて風下における濃度分布の広がりが評価されている. Britter[20]らは中立ガスの判定基準として, 連続流出においては式（2.45）を, 瞬間流出においては式（2.46）を提案している.

（連続流出の場合）

$$\frac{g_0'q_0}{u_{\mathrm{ref}}^3}/D^{1/3}\leq 0.15 \qquad ならば中立ガス \tag{2.45}$$

（瞬間流出の場合）

$$\left(\frac{g_0'Q_0}{u_{\mathrm{ref}}^3}\right)^{1/2}/Q_0^{1/3}\leq 0.2 \qquad ならば中立ガス \tag{2.46}$$

ここで

　u_{ref}：高さ10mにおける風速, D：放出源の寸法(プール径やプルームの

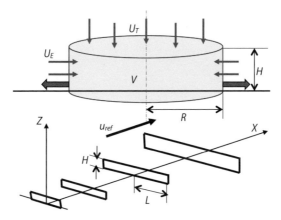

図 2.12　高密度気体の拡散評価：Box モデル

広がりなど），$g'_0 = g(\rho_0 - \rho_a)/\rho_a$：流出源での重力加速度；$\rho_0$：気体の初めの密度，$\rho_a$：空気の常温での密度，$g$：重力加速度，$Q_0$：瞬間流出量（m³），$q_0$：体積流出速度（m³/s）

　化学設備で扱われる物質は中立ガスではない場合も多く，例えばアンモニアは空気よりも密度が小さく，プロパンやブタンに密度は大きい．高密度気体の拡散評価には瞬間流出の場合は Box モデルが，連続流出の場合には Ground Plume モデルがよく用いられる[25]．ここでは瞬間放出された高密度気体の拡散を評価する Picknett の提案による Box モデルを紹介する[26]．Box モデルは**図 2.12** に示すように流出した気体が，高さ H 半径 R の円柱形状となり，この気体の塊が風速 u_{ref} の風により同図に示すような箱形濃度分布で拡散していくと考える．円柱状気体塊への空気の流入と塊の半径方向の動きを考慮して，放出された気体の塊の平均濃度 C は（2.47）式で示される．

$$\frac{C_0}{C} = \frac{V}{V_0} = (1-\gamma)\tau^{\alpha_E} + \gamma\tau^{\mu+2} \tag{2.47}$$

ここで

$$U_f = \frac{dR}{dt} = (g'_0 H)^{1/2} \tag{2.48}$$

$$U_E = \alpha_E U_f \tag{2.49}$$

$$U_T = \alpha_E TU / R_i \tag{2.50}$$

α_E：側面・上面流入係数，μ：モデルにより決まる常数，
γ：常数（小さいので無視されることもある），τ：時間，V：気体雲の体積，
V_0：流出時の体積，C_0：流出濃度，$Ri = \dfrac{g'H}{U^2}$：Richardson 数
である．

2.5　影響の緩和と低減の方法

　化学プロセスプラントのリスクを低減させるためには，本質的に安全設計がなされていて危害の発生を防ぐ，すなわち予防的措置が設計に織り込まれていること，万一危害が発生した場合にはその緩和・拡大防止の措置がとられており周辺の機器や環境・人への影響を最小化することが必須である．

　本質安全を達成するためにプロセス設計上で検討すべき課題の例としては

- 「低減，縮小」：ハザード物質の保有量，取り扱い量を減らせる．
- 「置き換え」：少しでも危険性の低い物質に置き換える．
- 「緩和，軽減」：危険な物質を少しでも危険性の少ない形態にして取り扱う．
- 「単純化」：構造やオペレーションを少しでも単純化して，故障が少なくヒューマエラーが起きにくいようにする．
- 「レイアウト」：人の多い場所（計器室など）や構外の民家が近い場所に危険なプロセスや物質を置かない．避難口や防護壁の設置

などを挙げることができる．

　特にプロセスプラントにおいては，強毒性物質の漏洩のように発生確率は極めて低いが影響度の非常に大きい事象がある．この場合，たとえリスクとしての数値は小さくても影響度の低減措置が必要であると判断されることが多い．具体的な対応措置としては検知と隔離，拡大防止，影響の抑制等の方法が考えられる．検知には機器内の圧力や流量，温度などの変化や異常，あ

るいは反応生成物の分析値などプロセスパラメーターの監視と，機器外へ漏洩した物質をリアルタイムで監視する事の2通りの方法が考えられる．

　また隔離とは検知システムにより異常を識別した場合に，自動または手動で機器を停止，遮断あるいは隔離して反応と放出を止める操作の事である．ただし，自動で機器の運転を停止したときには，例えば冷却系の機能を維持するなど反応中間物の保持中に生じる反応進展を防止する措置が必要である．このためプロセスには例えば図2.13に示すようなさまざまな防護層（対応措置）が張り巡らされているが，異常が拡大する前に防護をするというのが基本である．しかし同図にスイスチーズモデルを示すように危害は防護層の弱点をくぐり抜けて事故に進展する．インドのボパールで発生した事故の起因となったMICの貯蔵タンクには蒸気圧の上昇を防ぐ目的の冷凍設備，温度警報アラーム，漏洩した酸性ガスのアルカリ洗浄塔，漏洩ガスを燃焼させるためのフレアスタックなどが設置されていたが，いずれも整備をしないまま放置されていたため作動しなかった．安全系設備の不具合は生産の継続には支障を生じないかもしれないが，緊急事態発生時の正常な稼働が保証できるよう，その維持管理は決して怠ってはならない．

　表2.5には化学プラントで用いられている漏洩などの異常検知装置，隔離装置の例を示す．検知センサーの設置にあたっては，あらかじめ機器が保有しているHAZMATの漏洩時の拡散濃度分布をさまざまな条件（気象など）

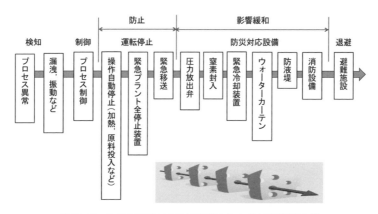

図2.13　リスク低減のために設置された多層防護層の例

表2.5 プロセスプラントにおけるリスクの緩和，低減方法の例

	機能	装置
検知システム	火災感知	熱感知器，煙感知器
	漏洩感知	ガス検知器，液体検知器
	漏電遮断	漏電遮断機，過電流遮断器
	回転異常検知	回転速度リミッター
	トルク異常	トルクリミッター
	過加重検知	過加重リミッター
	振動異常検知	振動計
	人の立ち入り	近接センサー，TV カメラ
	計測機器自己診断	自己診断システム
	地震検知	地震計
	計装による防御	インターロックシステム，モデル予測制御
	気象条件	風向，風速計など
遮断・低減システム	圧力放散	安全弁，破裂版
	緊急移送	ブロウダウン装置，フレアスタッグ
	緊急遮断	遠隔遮断弁
	火炎防止	フレアレスター
	防爆電気装置	防爆構造
	消火設備	泡消火，スプリンクラー
	輻射熱，毒物拡散抑制	スチームカーテン，ウオーターカーテン
	防火構造	耐熱被覆
	2次防護層	配管2重化，部屋で隔離，グローブボックス
	域外漏洩防止	土手，排水溝遮断
	液状化対策	地盤改良
避難	シェルター	窓の目張りなど簡易な防御，防爆，気密室
	広報システム	リスクコミュニケーション

のもとに解析しておき，少しでも早い段階で効果的に漏洩を検知出来る場所を選択する必要がある．遮断低減装置も災害の酷さ（ふく射熱や爆発圧力など）の解析結果をもとに設計，配置をする必要があるが，その構成は図2.13 に示したような多層防護を原則とする．多層防護システムの信頼性評価には LOPA（Layer of Protection Analysis）がよく用いられる[27]．LOPA

では中央に危害事象をおき，この拡大を防護，あるいは影響を低減するための防護層を同心円として設置する．図2.13はその断面を示す図となる．各防護層について必要時に作動しない確率（POFD）を設定することで，イベントツリー解析の手法を用いて危害の影響（防護層害に影響が及ぶ事象の推定とその出現確率）を評価することが可能である．計装系の機能安全規格である IEC 61508（JIS 0508）[26)27)] では，防護層を形成する安全系ディバイスのそれぞれに不作動確率（SIL：Safety Index Level）を与え，これにより所定の信頼性を持つシステムの設計が可能となっている[28)29)]．

　海外では工場の周辺住民と自治体，企業が共同して工場での事故発生を想定した，住民自らの自衛措置や避難実施の訓練を実施している地域もある．その実現のためには日頃からのリスクコミュニケーション実施が原則であり，企業や規制官庁は事故時に工場外に及ぶ影響の情報公開と説明，それに対して企業，行政，住民が取るべき対応と行動の標準化をしておくことが必要で，地域住民側もリスクへの理解や被害の低減手段とその知識を持つことが前提になる．

2.6　ドミノ効果

　ドミノ効果は，最初の（1次の）事故の影響を受けて連鎖的に生じる2次災害のことである．1984年にメキシコシティーの PEMEX で発生した事故は1次災害としては LPG 配管のラプチャーであったが，ここから漏洩した LPG の火災で周囲のタンクに19回の BLEVE が発生した．爆発したタンク破片は1200 m離れたところまで飛翔し，この事故による死者数は500人以上，重傷者は5000人以上であったといわれている．2011年の東日本大震災により千葉県の製油所で発生した火災爆発事故は，解放検査中で内部の空気をパージするために満水状態であった（水の比重は LPG の約2倍）LPG 球形タンクが，地震動によりタンク支柱の筋交いのブレースが破断し座屈により倒壊したことが1次事象である．次いでこのタンクの倒壊により連結されていた複数の配管が破断し，LPG が漏洩・拡散・着火して火災が発生した．この火災の影響により隣接する球形タンクでは BLEVE による5回の爆発が

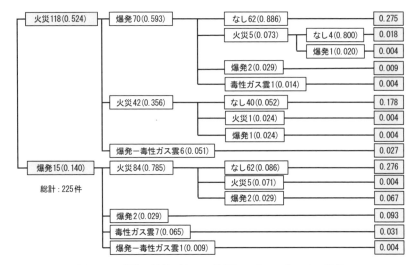

図2.14 事故の連鎖（ドミノ効果）のイベントツリー解析

生じ，総計17基のタンクに被害が生じた．また，爆発時のタンク破断片の
ミサイル現象や爆風圧で隣接する工場に被害がおよび近隣民家でもガラスや
スレート材の破損が生じた．このように2次災害以降の方が1次災害よりも
被害が大きいケースも少なくない．

　図2.14はDurbraらが225件の火災・爆発事故の連鎖を事象木（Event
Tree）としてまとめたもので[30]，最終事象の発生頻度が示されている．ま
た表2.6には2次災害を防ぐためのふく射熱や過圧力の限界値[31]の例を示
すが，規格や研究者によって数値には大きな差がある．なお爆発物の飛翔に
関してはそのエネルギーや飛散物の重量だけではなく風向きも重要なファク
ターになる．

　ドミノ効果の評価にあたっては[32]，まずエリアを区分し，生じうる1次
危害事象をモデル化する．その事象に関連する全ての機器や配管を対象とし
たソースタームの評価を行い，危害の進展シナリオを考え，事象木解析によ
りふく射熱や爆風圧のインパクトと，その緩和・低減系の効果を確認し影響
範囲や影響の規模を求める．機器・設備が密集している，あるいは屋内に設
置されている場合には数値解析の助けが必要となる．また，火災や爆発によ

表2.6　各基準におけるドミノ効果の限界値

規格，基準，研究者	輻射熱	過圧 (over Pressure)	破片
	kw/m^2	KPa	m
D.M.151（2001）	12.5	30	800
API 510	15.6		
HSE	37.5		
BS 5908	37.5		
フランス	8	20	
ギリシャ	37.5	50	
イタリア	12.5	30	
スペイン	8	16	
Barton		10	
Khan	37	70	

る直接的な影響だけではなく，助燃性，燃焼支援性のある物質（強い酸化性を持つ物質など）は混合，接触することで激しい反応を生じるので，その場合の2次災害は大きくなる．化学プロセスプラントの場合は2次災害への連鎖もシナリオに加えたリスクアセスメントが必要である．

　このような災害モデルやシナリオは非常に複雑で規模が大きく，2次災害における災害の酷さの拡大（intensification）と，他のユニットへの伝播（propagation）を分けて評価する必要性も指摘されている．

2.7　リスクアセスメントにおける火災，爆発，毒性の生体影響評価の基準値

　プロセスや機器のリスク評価において「影響範囲」は，生体や設備，あるいは自然環境などに有害と判断される基準値以上となる面積やそこまでの距離で表現されることが多い．こうした基準値は法規で定められる規制値である場合が多いが，状況に応じて企業が自主的に基準を設けて管理目標値とする場合や，地方自治体が国の定める値よりも厳しい値を設定することもあ

る.

　基準値はこのようにリスクマネジメント上，極めて重要な指標であるが，管理値としての取り扱いには注意すべきことが多い．まず基準値には規制値，指針値，目標値など異なる位置づけがなされ，法的な扱いも異なっており，さらに基準値の決め方も一定ではない．その値よりも少なければ影響がないとされる閾値に基づく「0 毒性基準」は確定的で概念は明確であるが，生体や環境は一回の事故で有害とされる物質に暴露されたとしても直ちに目に見える，また自覚できる影響は現れないかもしれないし，累積的あるいは相乗的効果があるかもしれない．したがって多くの場合，特定の一時的な漏洩による最終的，長期的な影響を見極めることは困難な場合が多い．残留農薬濃度のように基準値の根拠となる閾値が不確定な場合に用いられている ALARA（As Low As Reasonably Achievable）型基準値は，EU の IPPC（環境汚染防止指令）[33] の原則としても知られており，コストや科学的な実現性を考慮に入れた現実的な基準となっている．リスクに基づく方法では，既知の毒性物質の用量とそれによるリスクとの関係を，実質的に安全と思われているリスク値（例えば10^{-5}）まで外挿し，そのリスク値に対応する用量を実質安全用量値（VSD：Virtually Safe Dose）としている．2003 年に（その後改訂され 2017 年版が Rev 7）国際連合から勧告された国際ルールである GHS（Globally Harmonized System of Classification and Labelling of Chemicals）[34] に基づいて化学物質の分類方法を定める JIS Z7252[35] では，「許容濃度」を「労働現場で労働者が暴露されても，空気中濃度がこの数値以下であれば，殆ど全ての労働者に健康上の悪影響がみられないと判断される濃度」と定義し，その勧告値としては時間加重平均（TWA；作業員が通常 1 日 8 時間，週 40 時間での許容値），短時間暴露限界（STEL：15 分間内における平均値が超えてはならない値），天井値（C；この値を超えてはならない上限値）などがある．また「暴露限界」として「量－反応関係等から導かれる，殆ど全ての労働者が連日繰り返し暴露されても健康に影響を受けないと考えられている濃度又は量の閾値」と定義している．日本では日本産業衛生学会が許容濃度の勧告値を提示している．

　表 2.7 には化学プロセスのリスクアセスメントをする場合によく使われる

表2.7　影響度評価の閾値の例

危害	基準値の例
毒性物質 （拡散濃度）	・IDLH ・30分未満の漏洩で3%の死亡率になる濃度
火災 （輻射熱）	・37.5 kW/m^2（60秒で100%致死） ・4 kW/m^2（15～20病で2度の火傷） ・30秒未満の火災で3%の死亡率
爆発 （爆風圧）	・既存施設：11.7 KPa，新施設：9.8 KPaになる距離 ・2～5 KPaになる距離
IDLH：Immediately Dangerous to Life or Health 毒性の強さを示す基準値で，人が30分以内に脱出しなければ死亡 または障害が残る濃度で表わす． （米国産業衛生協会：American Industrial Hygiene Association）	

生体に対する毒性物質の急性暴露濃度，熱放射強度，爆風圧の閾値の例を示す．

　熱放射強度の基準値は人体への影響を考慮して決められている．一方爆風圧に対しては人体では19 kPaで鼓膜の破損確率が10%と言われているが，1 kPaでガラスが割れるなどの被害が生じるため，より圧力に敏感な構造物影響の値が基準値として用いられている．爆風圧による建物の損壊で人が怪我をする場合もあるのでこうした扱いは人体への影響を無視しているわけではない．

　毒性物質の急性暴露濃度には表2.8に示すように色々な指標があり，国や機関では規制の目的に合わせて使いわけている．また毒性の定義には，「一般毒性」と「特殊毒性」があり，一般毒性には生体に投与・暴露されると数日以内に反応が発現する「急性毒性」，1～3ヶ月の反復投与で発現する「亜急性毒性」，半年から1年の反復投与で発現する「慢性毒性」がある．また，特殊毒性には遺伝子や染色体異常を来たす「変異原性」，「発がん性」，胎児に奇形などの影響を及ぼす「催奇性」，免疫系を抑制して病原体などに対する抵抗力を低下させる，あるいは逆に免疫系を亢進することでアレルギー反応を引きおこす「免疫毒性」などがある．薬事法（医薬品，医療機器等の品質，有効性及び安全性の確保等に関する法律）により規制を受ける医薬品や，農薬取締法の規制を受ける農薬ではこれらの全てのリスクが評価される

表2.8　毒性物質への急性暴露指標の例

指標	機関	概要	暴露時間
EPRG	AIHA	全ての個人に対する暴露レベル	1 hr
AEGL	EPA/NRC/NAC	子供などの感受性の高い小集団を含む一般人に対する暴露限界レベル	10, 30 min 1, 4, 8 hr
TLV-STEL	ACGIH	労働者の労働時間中に，いかなる時にも超えてはならない暴露限界	15 min
IDLH	NIOSH	労働者が与えられた汚染環境から確実に退避できる限界	30 min
TEEL	DOE	一時的に定められた緊急暴露レベル	15 min
AETL	EU	緊急暴露限界値（閾値）	10, 30 min 1, 2, 4, 8 hr
EEI	ECETOC	緊急暴露指標	15, 30, 60 min
DTL	HSE	危険な毒性負荷値（濃度）	

が，プロセス安全の立場では，「急性毒性」を基準値とした影響度の評価がなされることが多い.

　上述のようなリスクアセスメントで必要となる物質の安全性データは，GHS に基づいて作成された安全データシート（SDS）[36] から得ることが出来る．GHS では爆発性，引火性，酸化性，自己反応性などの物理化学的危険性と，急性毒性，皮膚感作性，変異原性，催奇性などの生体への影響特性について事業者に評価を要求し，その結果が標準的なフォーマットに従って SDS に記載される必要がある．2014 年に改正された労働安全衛生法では安全データシートの交付義務の対象である化学物質（640 物質）についてリスクアセスメントの実施が義務化され，そのためのガイドも提示されている.

　表2.9 には物質の物理化学的安全性を評価するための試験方法や試験装置の例を示している．ここでは単独物質の物性値だけではなく，複数の物質が混触した場合や暴走反応過程での温度，圧力上昇などの反応熱量計を用いたデータ採取についても触れている.

表2.9　物質の物理化学的安全性の主な評価試験方法

事象	評価項目	主な試験方法，装置
ガス爆発	ガス爆発下限界濃度	JIS Z8818 吹き上げ式試験
	限界酸素濃度	吹き上げ式
	爆発圧力，圧力上昇速度	JIS Z8817 方式
	最小発火エネウギー	IEC　MIKE-3 試験
爆発性	機械的感度	JIS K4810 落つい感度試験
	摩擦感度	JIS K4810 摩擦感度試験
粉塵爆発	下限界濃度	吹上げ式粉じん爆発試験装置
	最小発火エネルギー	最小発火エネルギー測定装置
	限界酸素濃度	1.8 L 吹上げ式粉じん爆発試験装置
	最大圧力・圧力上昇速度	20 L 球形粉じん爆発試験装置
自己分解性	分解開始温度	示差走査熱量計（密封セル DSC）
	分解熱	密封セル DSC
	温度上昇速度，圧力上昇速度	暴走反応熱量計
	爆発的な反応（分解）までの猶予時間	暴走反応熱量計
	感度（衝撃，摩擦）	落槌感度試験装置，摩擦感度試験装置
反応危険性	反応熱	推算（生成熱より），反応熱量計
	発熱速度	反応熱量計
	冷却系故障時の断熱到達温度	反応熱量計
	反応マスの熱分解性	密封セル DSC，暴走反応熱量計
自然発火性	空気との反応性	高圧 DSC
	断熱誘導時間	ワイヤーバスケット試験
混触危険性	混触発生熱量	米国 USCG 反応危険性試験，反応熱量計
着火燃焼性	引火点	密閉式，開放式試験，ペンスキーマルテンス
	発火点	ASTM E659　準拠試験
	着火性	BAM 着火性試験
	燃焼性	IMO 法燃焼速度試験
静電気特性	体積抵抗率，表面抵抗率	
	帯電電荷量	

2.8　影響度の評価支援ツール

　前述で解説した化学品の漏洩に伴う影響評価のためにはさまざまなモデルが考案され，それを用いた解析方法も数多い[37]．それらの中には高度な専門知識や解析経験を要するものが有り，またプロセス，プラント，設計，メンテナンス，環境安全規制の法規や基準などに熟知していることも必要である．しかしリスクアセスサーが必ずしもそうした知識を持っているとは限らず，知識を持っている人はリスクアセスメントの方法について熟知していない場合も多い．また事故発生時には，そのときの気象条件や地理的要因も考慮に入れて，ふく射熱の強さや拡散物質の濃度，毒性，物性，また影響がどの方向，範囲に及ぶかなどの情報が，消防，救助，避難などのためにリアルタイムで必要とされる．

　このような状況から，影響度の評価を支援するための多くの計算，解析ツールが**表2.10**に例示されるように提供されている．この表に例示したツールには，簡易な計算ツール，ガウス分布拡散モデルや円筒火炎モデルによる解析ツール，数値熱流動解析法のソフトなどさまざまな水準のものがある．いずれも漏洩源や火災箇所，爆発源からの距離と時間の関数として拡散濃度やふく射熱の分布などを求めているが，使用したモデルの詳細が公開されていないものもある．

　解析的手法によれば広い大気領域にわたる迅速な解析が可能となるが，一方では複雑な気流場における拡散解析は苦手で，流出源近傍や障害物の影響の解析や物理的・化学的方法による影響低減措置の効果などを評価するのは難しい．また漏洩した気体の浮沈が大気安定度による気流の動きに支配されるとしているモデルでは漏洩物質の比重の影響が反映されないなどの欠点もある．アメリカ環境保護庁（EPA）から提供されているRMP* Compは，EPAのホームページ上の入力画面に必要事項を入力することで（入力の必要な項目はプルダウン方式で与えられている）解析の予備知識がなくても利用可能であり，しかもその結果はEPAの要求するRisk Management Program（1.1節参照）に定められたフォームを完成させることができるようになっている．アメリカの海洋大気庁（NOAA）が開発しEPAから無償で公

表2.10 漏洩拡散，火災，爆発等の解析ツールの例

解析方法	名称	対象	提供者，販売社	備考
簡易計算モデル	RMP* Comp	拡散	アメリカ EPA	オンライン簡易解析（EPAホームページで計算）
	API RP581 RBI Level 1	拡散，火災	アメリカ（市販RBI解析ソフトに含まれている）（例）E2G社RBI解析ソフト：Level2含む（アメリカ）	Lookup Table方式で影響範囲を楕円形で示す
解析解モデル	METI-LIS	拡散	産総研・経産省	化学物質の大気環境濃度推定および暴露評価を行なう大気中の濃度を，排出量と気象条件から計算できる
	ADMER	拡散，暴露解析	産総研	
	CCPS	拡散，火災	アメリカ CCPS	影響度解析ガイド貼付ソフトなど
	ALOHA	拡散，火災	アメリカ EPA/NOAA	広く使われている無償ソフト
	AUSTAL2000	拡散	ドイツ Janicke Consulting, Überlingen	ドイツの規制にあわせた解析ソフト
	EFFECTS	拡散，火災	オランダ TNO	広く使われている汎用ソフト
	PHAST	拡散，火災	ノルウェイ DNV	広く使われている汎用ソフト
	TRACE	拡散，火災	アメリカ Safer	広く使われている汎用ソフト
	CHARM	総合リスクマネジメントソフト	イギリス	イギリスのCOSHH（有害物質管理規制）に対応して開発されたマネジメントと解析のためのソフト
数値解析モデル（格子法）	PANEPR	拡散，火災	フランス Fluidyn	3D CFD解析，障害物の影響を評価可能
	FLACS	火災・爆発危険性解析	ノルウェイ GEXCON	毒性，可燃性ガスの拡散解析も可能
	KFX EXSIM	拡散，火災	ノルウェイ DNV	SHELLのmain simulation tool
	ANSYS AUTODYN	非線形衝撃，爆発解析	アメリカ ANSYS	旧Century Dynamics社開発
	DYTRAN	衝突，衝撃	アメリカ MSC	
	LS-DYNA	非線形大変形，衝撃解析	アメリカ Livermore Software Technology Corp	フレキシブルな汎用ソフト
	ANSYS-FLUENT, CFX	拡散，火災	アメリカ ANSYS	汎用流体解析ソフト
	Open FOAM	拡散，火災	イギリス Open CFD Foundation	無償の流体解析汎用ソフト
	FDS：Fire Dynamics Simulator	火災	アメリカ NIST	無償の火災解析ソフト
粒子法	MPS法，SPH法	火災，拡散，流動など		無償ソフト，市販汎用ソフトがある

開されている ALOHA は，広くその妥当性が評価され，解析結果の表示は
シンプルながらも，それを地図に読みこむことも可能であり，日本でも法的
な対応に使用することも可能である．表 2.10 に示した市販の解析ソフトの
殆どは高価ではあるが使用者がモデルを意識することなくデータ入力が可能
で，さまざまな後処理・修正機能が付加されており，また特定の規制の要求に
対応したテンプレートを用意するなど使い勝手がよく，広く利用されている．

　Computational Fluid Dynamics（CFD）などを用いた数値解析法によれ
ば，漏洩源の周囲にある設備や防護壁，散水設備などの3次元的評価や，地
形，気象条件等の影響も加味した複雑で精緻な解析が可能となるが，広い空
間域を解析するために要する計算量は膨大で，長大な時間を要する．表
2.10 で紹介したツールの中で FLUENT や OpenFOAM のような汎用的な
計算パッケージは柔軟ではあるが，解析モデルの構築や解析のための関数式
の作成を要するなどユーザーには高い専門知識が求められる．しかし，
FDS や FLACS のように火災などの解析に目的を絞ったソフトウェアは数
値計算ソルバーだけではなく，その目的に沿ったプリ・ポストプロセッサー
が別途開発されており（例えば FDS では Smokeview や PyroSim）使い勝
手の良い GUI として入手が可能である．

　災害影響評価にあたっては，解析法と数値計算法を使いわけること，ある
いは互いに欠点を補填して使うことが実用的であろうと思われるが，実規模
での災害事象は実験的に再現することが難しく，解析結果の検証や有効性の
確認が困難な場合も多いことには注意をすべきである．

　粒子法は有限要素法や有限差分法のような格子法とは異なり，連続的な解
析空間の中に粒子を配置し，その粒子に速度などの変数を持たせており，自
由表面流れや混相流の解析によく使われている．

　なお解析解ツールの詳細については第4章を，また数値解析法の詳細につ
いては第6章を参照されたい．

■ 第 2 章　参考文献 ■

1) CCPS, Guidelines for chemical process quantitative risk analysis, John Wiley & Sons (2000)
2) Committee for the prevention of disaster, guidelines for quantitative risk analysis, (1999) (Purple Book)
3) EU：Directive 2012/18/EU of the European parliament and of the Council, 2012
4) US：TITLE 40-CFR Part68-Chemical accident prevention provisions, Subpart G：Risk management plan (1966)
5) API, Recommended Practice 581, 3rd edition, Risk-based Inspection Methodology (2016)
6) TNO (Netherland)：Method for the determination of possible damage , CRE16E, (1992) (Green Book)
7) CCPS, Guidelines for consequence analysis of chemical release, AIChE (1999)
8) Univ. of Tront, Safety management Education, Chemical Process quantitative Risk Assessment (2015)
9) Johson.E.W, "Prediction of aerosol formation from the release of pressurized superheated liquid to the atmosphere.", ICHEM Symposium124, 87〜104 (2005)
10) 消防庁特殊災害室, 石油コンビナートの防災アセスメント指針, 129 (2013)
11) Marı'a Isabe, Fernandez, , Mike Harper , Haroun Mahgerefteh, An integral model for pool spreading, vapourization and dissolution of hydrocarbon mixtures, IChemE Symposium Series No. 158, 466〜472 (2012)
12) C.J.H. Van den Bosch, Methods for the calculation of physical effects, Ministerie Verkeer en Watersteer (2005) (Yellow Book)
13) Sm Marnan, Lee's LossPrevention in the Process Industries, Vol 1, Emission and Dispersion , 15/56〜15/68 (2005)
14) Hamilton.D.C, Morgen.W.R, "Radiant interchange configuration factors", Tech. Note2836, (1952)
15) Shokri, M., Beyler, C., "Radiation from large pool fires", Journal of Fire Protection Engineering 1, 141 (1989)
16) Mudan.K.S, "Thermal radiation hazard from hydrocarbon fire", Prog. Energy Combustion Science,9, (1984)
17) The World Bank Washington, WTP55, Technique for assessing industrial hazards, 90〜92 (1988)
18) Sutton.O.G, "Micrometeorology", McGraw Hill (1953)
19) Pasquill.F, "The estimation of the dispersion of windborne materials", Meteor.Mag, 90, 33〜34 (1961)
20) R.E. Britter, J. McQuaid, Workbook on the dispersion of dense gases, HSE contract research report No.17 (1988)
21) R. I. Sykes, C. P. Cerasoli, D. S. Henn, "The representation of dynamic flow effects in a Lagrangian puff dispersion model", Journal of Hazardous Materials, 64-3, pp.223-247 (1999)
22) Heping Liu, Boyin Zhang, " A laboratory simulation of plume dispersion in stratified atmospheres over complex terrain", Journal of Wind Engineering and Industrial Aerodynamics, 89, 1-15 (2001)
23) J.E. Carson, H. Moses, The validity of several plume rise formula, Journal of the Air Pollution

Control Association, 19,11, 862〜867（1969）
24）ちっ素酸化物総量規制マニュアル，公害研究対策センター（2000）
25）S.R. Hanna, Handbook of atmospheric diffusion, U.S Dept. of Energy（1982）
26）P.C. Chatwin, The incorporation of wind shear effects into box models of heavy gas dispersion, 63〜72 Springer
27）CCPS, Layer of protection analysis（2001）
28）IEC 61508-1, Functional safety of electrical/electronic/programmable electronic safety-related systems – Part 1：General requirements,（2010）
29）JIS C0508-1，電気・電子・プログラマブル電子安全関連系の機能安全 – 第1部：一般要求事項（2012）
30）R.M. Durbra, Domino effect in chemical accidents main futures and accident sequence, J. of Hazard Material, 182, 565〜573（2010）
31）Leo Kardell, QRA with respect to domino effects and property damage, Land University Report 5461（2014）
32）EU Guideline for the application of the methodology for studying domino effects（1998）
33）The directive on integrated pollution prevention and control（IPPC）（1996）
34）United Nation, Globally harmonized system of classification and labelling of chemicals: seventh revised edition（2017）
35）JIS Z7252，GHS に基づく化学品の分類方法（2018）
36）JIS Z7253，GHS に基づく化学品の危険有害性情報の伝達方法—ラベル，作業場内の表示及び安全データシート（2018）
37）JIS Q31010，リスクマネジメント－リスクアセスメント技報（2012）：（IEC/ISO 31010）（2009）

3 RBI(Risk-based Inspection) 規格における影響度評価方法

3.1　各機関から提供されている RBI 規格の概要

　アメリカの原子力発電設備を対象に 1970 年代初めにラスムッセンにより実施された原子炉安全評価（Reactor Safety Study：WASH-14000 Rasmussen Report[1]）は，安全性評価方法として定量的リスク評価手法（Quantitative Risk Assessment：QRA）を用いた最初の包括的な取り組みの 1 つではないかと思われる．石油，化学プラントなどの危険物施設のメンテナンスに対する QRA 手法の適用は，これより遅れ，**表 3.1** に示すように 1990 年代の初めに始まったといえる[3]．2000 年代になるとヨーロッパ，日本でもその方法に関心が高まり，現場での実用にも供されるようになってきた．

　ASME（American Society for Mechanical Engineers：アメリカ機械学会）の CRTD（Center for Research and Technology Development）に設置された Research Committee on Risk Technology における研究は，QRA をプラントメンテナンスに適用した先駆的な活動であり，その成果は Guideline の vol. 1（総論：1991），Vol. 2（軽水炉），Vol. 3（火力発電）[2]にまとめられている．

　1993 年には API（American Petroleum Institute：米国石油協会）において石油精製プラントの圧力保有設備を対象として，設備の有するリスクに応じた適切なメンテナンスを実施するための方法（Risk Based Inspection Methodology：RBI）を開発するためのプロジェクトが開始された．このプロジェクトの成果は開発を担当した DNV により，RBI の実際的な現場適用方法を示すガイドラインのドラフト版として（Publication 581 ドラフト版[3]）1996 年に公開された．この出版により化学プラントにおけるメンテナンスの意志決定をするための新しい手段として RBI が世界的に注目を集めることとなった．この Publication 581 は 2000 年に第 1 版として正式に発刊

表 3.1　各機関の RBI 規格開発の歴史

年	API	ASME	RIMAP/EN	HPI
1991		CRTD20-1(総論)発刊		
1992		CRTD20-2（軽水炉編）発刊		
1993	RBI 検討開始	PCS 臨時委員会設置		
1994		CRTD20-4（火力発電編）発刊		
1995				
1996	Pub 581 ドラフト出版	PCC 設置 (RBI/FFS)		
1997				
1998		Sub Committee（フランジ締結）		
1999		Sub Committee（溶接/検査）		
2000	Pub 581 第 1 版発刊	PCC-1（フランジ締結）初版		
2001			RIMAP 設立	RBM 委員会設置
2002	RP 580 第 1 版発刊			RBM-WG 発足
2003		PCC-3（検査計画）ドラフト		
2004				TM ハンドブック発刊 RIMAP-WG 発足
2005				
2006			CWA 完成	RBI ハンドブック発刊
2007		PCC-3（検査計画）初版発刊		
2008	RP 581 第 2 版発刊		CWA 15740 発刊	
2009	RP 580 第 2 版発刊			
2010		PCC-1（フランジ締結）改訂版		HPIS Z106 **HPIS Z107-1TR** **HPIS Z107-3TR**
2011		PCC-2（補修）初版		**HPIS Z107-2TR** **HPIS Z107-4TR**
2015		PCC-2(補修)改訂版		
2016	**RP 581 第 3 版発刊** **RP 580 第 3 版発刊**		EN 16991 ドラフト版	
2017		**RBI を用いた検査計画（2017）刊**		
2018			**EN 16991 初版発刊**	**HPIS Z106 第 2 版発刊**

図3.1　API 581 ドラフト版における発生頻度の定量的評価手順

され[4]，その中で定性，半定量，定量の3水準のリスクアセスメント方法が提示された．定性的評価方法では発生確率，影響度のそれぞれをチェックリストを用いて採点することでリスクのランク付けを行う．定量的方法による発生確率は，**図3.1**に示すように一般破損頻度（GFF：Generic Failure Frequency）を，機器の損傷メカニズムから得られるテクニカルモジュール（第2版以降はダメージファクターと呼ばれている）と，評価対象となる設備のプロセス安全全般に関わる管理水準を評価した修正項，および機器の状態（設計，立地，プロセス，運転状態，経年化の度合いなど）から得られた評価項によって修正することで得られる．テクニカルモジュールは機器構成材料の使用環境に起因して生じる損傷（腐食や応力腐食割れなど）の進行により機器が貫孔してプロセス流体が漏洩する可能性を推定するためのモジュールで，検査の実施・繰り返しによってその推定の確からしさの更新をベイズ統計を用いて行うという手法が関心を集めた．

　APIでは，その後 RP 580 Risk-based Inspection を RBI の基本規格として 2002 年に発刊し，また Publication 581 の発展版である RP 581 Risk-based Inspection Methodology を具体的な RBI 解析方法を示すガイドとして位置づけて改定を行い，2018 年末においては共に第3版となっている[5),6)]．RP 581 の第2版以降では定性，半定量評価方法は削除され，発生確率評価には図3.1に示した GFF を用いた定量的評価方法のみが，また影

響度評価方法としては簡易な Look up Table 方式によるレベル1と，計算式
を用いるレベル2の2水準の方法が提示されている．またドラフト版では静
機器からの保有物の漏洩事象のみをリスク評価の対象としていたが，第3版
ではワイブル分布を用いた動機器の故障の発生確率についても触れられてい
る．API RP581 第3版に示された RBI の評価方法については 3.2 で解説する．

　ASME においては 1996 年に PCC（Post Construction Standards Commit-
tee）の中に，一般設備を対象としたリスク基準検査計画方法開発のための
第3委員会（PCC3）が設置され，2007 年に ASME PCC-3-2007 Inspection
Planning Using Risk-Based Methods を発刊した．この基準は 2017 年に改
訂版[7] が発行されている．ASME PCC3 は幅広い機器や設備への RBI の適
用を前提にしており，化学設備に対しても塔槽類の内部部品の破損（トレイ
やデミスターなど），熱交換器の伝熱管の不具合，圧力放出弁，回転機のイ
ンペラーの損傷やシール部からの漏れなどの機械的な損傷事象にも適用が可
能であるとしている．また，RBI 法の適用が不適である場合には RCM（Re-
liability-centered Maintenance）法[8] を用いることが推奨されている．影響
度としては，全ての故障・損傷様式の結果に対して安全と健康，環境，経済
への影響を評価することとし，その評価プロセスが説明されているが，基本
規格の性格を持っているので API RP581 のような具体的な説明はない．影
響度と発生頻度を両軸とするリスクマトリクスについては，API にはそれ
ぞれを5段階で評価する 5×5 のマトリクス図が紹介されているが，ASME
には 6×6 のマトリクス図が紹介されている．ただし ASME PC3 ではリス
クは3段階で評価され（API では4段階），マトリクス図におけるリスク配
分は対象型である．

　ヨーロッパでは QRA を基にしたプラント安全管理の長い歴史を持ってい
るが，非原子力プラントのメンテナンス分野における RBI 規格の開発は
少々遅れ，2001 年に RIMAP（Risk-Based Inspection and Maintenance for
European Industries）委員会が設立されることで本格的に開始されること
となった．その成果は 2008 年に CWA（CEN Workshop Agreement）
15740[9] として 2008 年に発行されている．この規格は基本的な RIMAP の構
成と解析方法をまとめたもので API RP580 に相当すると考えてよい．API

RP581 に相当する実施ガイドとしては鉄鋼，石油化学，化学，電力設備を対象とした Work Book が作成されたが RIMAP 委員以外には公開されなかった．その後ヨーロッパ規格委員会（CEN）の Technical Body の1つである "CEN/TC 319 Maintenance" の WG 12：Risk Based Inspection Framework（RBIF）から，CWA15740 を継承発展させた EN16991，Risk based inspection framework[10] が 2018 年に発刊され，これが新しいヨーロッパ諸国共通の RBI 基本規格になるものと思われる．CWA15740 と EN16991 については 3.3 と 3.4 で解説する．ヨーロッパで RBI 開発が遅れた背景には設備管理に関わる法規制により，リスク基準のメンテナンス実施がなかなか認められなかったことも影響していると思われるが，現在では殆どの EU 加盟国で RBI のメンテナンスへの適用が認められている．

日本では 2001 年に「RBM 検討委員会」が日本高圧力技術協会（HPI）内に設立され API，ASME，RIMAP の RBI 規格の解読や紹介，その成果を基にした日本語の RBM 規格（HPIS Z106，Z107 TR）の開発が行われてきた．基本規格である Z-106 の構成や内容は API RP-580 に沿ったもので，2018 年に改訂され第 2 版[11] となっている．RBI 評価の具体的な実施方法を例示する Z-107 TR[12] では（API-RP581 に相当する），**図 3.2** に示すように発生頻度（破損確率係数：FPI-Failure Probability Index と呼んでいる）は GFF を用いず，損傷係数と管理状態および設備特性を定性的に評価して得

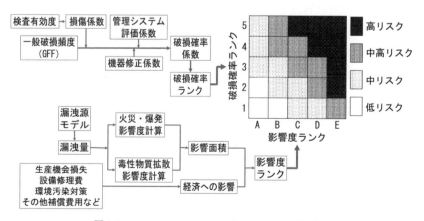

図 3.2 HPIS Z107-1TR におけるリスクの評価手順

られた修正係数の積として半定量的に求められている．これらの修正係数は
日本における設備管理や地震の影響などの実情を加味したものとなってい
る．影響度については API-RP581 第2版のレベル1評価方法をそのまま用
いる．得られた発生頻度と影響度（影響面積あるいは逸失費用）は，それぞ
れ5段階評価のいずれかに区分され，5×5のリスクマトリクス図を用いて，
低，中，中高，高の4段階のリスクランク付けを行う．HPIS Z107 TR で得
られた FPI に GFF を乗ずれば API RP581 第3版で求められる発生頻度に
相当する数値になる．なお，影響度評価方法としては，日本で広く用いられ
ている消防庁石油コンビナート防災アセスメント指針[13)] に基づく方法や，
無償の影響度計算ツールとして web 上に提供されている ALOHA などを用
いた計算結果を用いてもよい．日本においては，経済産業省により 2017 年
に新たに制度化された高圧ガス製造事業所の「新事業所認定制度」により，
初めて RBI の設備管理への適用が認められることとなったが，検査周期は，
あくまで法規制を優先して決定する必要がある．

　なお RBI においては図 3.1 に示された API RP581 の方法を例に取ると，
機器設備のリスクを決定する因子として，機器の GFF，損傷メカニズム
（ダメージファクター），管理状態，機器の設計や操業条件，および影響の大
きさを，それぞれ独立して評価している（第2版以降は機器の設計や操業状
態の評価は削除された）．これにより RBI の方法でアセスメントされたリスク
は，GFF は固有の数値なので変えられないが，その他のリスク支配因子で
ある，設備の供用により進行する設備の劣化/損傷メカニズムやそれを評価
するための検査方法，プロセス安全管理要求に基づく設備の管理，設備の設
計や運用・立地条件，危害（機器からの漏洩）が発生した場合の影響の低減
や緩和措置などへの対応を取ることにより制御される．このように RBI で
は設備の安全マネジメント（Mechanical Integrity）という視点から，事業
所において設備を運用する全ての部門がメンテナンスに関わることが要求さ
れており既存のメンテナンスの枠を超えるものとして対応されねばならな
い．

3.2　API RP581 Risk-based Inspection による影響度評価方法の概要

3.2.1　定性 RBI 評価方法[3] ────────────────────■

　API Publication 581 Draft 版に紹介された定性 RBI 解析法は，RP 581 第2 版以降では削除されたが，本格的な RBI 解析の実施ターゲットを選定するためのスクリーニング評価に適した方法であり，またそれだけではなく定量解析のためのデータが不十分な場合でもプロセスや運転，設計，メンテナンスなどを熟知した専門家が解析に参加すれば十分に有効なリスクアセスメントが可能になるので，その概要を紹介する．

　定性的リスクアセスメントの手順は**図 3.3** に示すが，危害の発生頻度とそれによる影響度を，それぞれのワークブックに従って評価し，5×5 の直交リスクマトリックスを用いて"高""中高""中""低"の 4 段階でリスクランクを決定することができる．発生頻度を求めるためのワークブックは**表 3.2** に示すように 6 分野に分類されたトータル 44 のチェック項目からなり，また影響度評価のためのワークブックは**表 3.3** に示すように損害影響度で 6 要因，19 のチェック項目，健康影響度で 4 要因，7 つのチェック項目から構成されており，発生頻度評価に於いては各項目の評価ポイントの和，影響度評価に於いては各項目の評価係数の積をとり，これらの値は区分表を用いることにより 5 段階にレベル付けしてリスクマトリクス図の両軸にプロットすることができる．

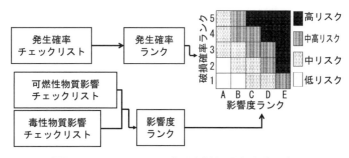

図 3.3　API – Pub 581 に基づく定性的評価方法の手順

表 3.2 API-Pub 581 における発生頻度の定性的評価項目

評価項目	評価内容	質問数	発生確率ポイント
機器要因	プラントの規模 機器の数	1	15
損傷要因	発生する損傷機構	11	20
検査要因	検査の有効性	9	$0 \sim -15$
状態要因	保全と維持の状態	9	15
プロセス要因	操業管理と安定性	9	15
機器設計要因	尤度 準拠する設計規格	5	10
最大ポイント（各要因の総和）			75

表 3.3 API-Pub 581 における影響度の定性的評価項目

	評価項目	評価内容	評価項目数	係数
損害影響要因	化学的性質	反応性とフラッシュ性	2	$1 \sim 20$
	保有量	想定漏洩量	1	$0.2 \sim 100$
	気化性	プロセス温度/沸点比	1	$0.5 \sim 2.5$
	影響の強さ	危害の拡大性	3	$1 \sim 1.5/1 \sim 4/1 \sim 1.3$
	減災，防災性	防災，減災設備の状況	10	各項目の最大は 1
	被害規模	火災，爆発による損害額	2	$1 \sim 16/1 \sim 4$
	損害影響係数（各項目の係数の積）		19	$0 \sim > 25,000$
健康影響要因	毒性	毒物の毒性と保有量	2	$50 \sim 2500$ $0 \sim 10$
	拡散性	沸点で拡散性を 6 段階評価	1	$1 \sim 0.03$
	減災，防災性	毒性物質漏洩時の拡散緩和策	3	0.8 or 1/0.9 or 1/0.9 or 1
	被災人口	放出源から 1/4 マイル内のっひとの数	1	$1 \sim 200$
	健康影響係数（各項目の係数の積）		7	$<1 \sim >1000$

3.2.2 定量 RBI 評価方法[6]

図 3.4 に RP581 第 3 版（2016）に基づいたリスクアセスメント手順を示す．評価対象となる機器の発生頻度は同図に示されるように，その機器類について与えられた一般破損頻度（GFF：generic failure frequency）を，それぞれの機器の損傷係数（damage factor）と，管理系評価係数（manage-

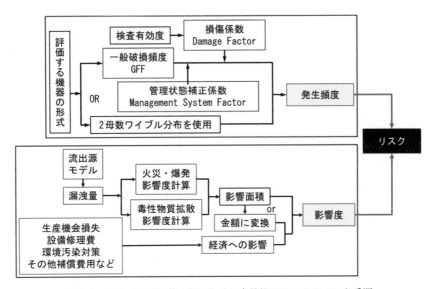

図 3.4　API‑RP 581 第 3 版における定量的 RBI アセスメント手順

表 3.4　API-RP 581 で用いられている一般損傷頻度の例

機器	gff：一般破損頻度（破損数/年）			
	small	medium	large	rupture
熱交換器伝熱管	8.00E-06	2.00E-05	2.00E-06	6.00E-07
配管（Φ8in）	8.00E-06	2.00E-05	2.00E-06	6.00E-07
タンク（側板下段）	7.00E-05	2.00E-05	5.00E-06	1.00E-07
反応器	8.00E-06	2.00E-05	2.00E-05	6.00E-07

ment system evaluation factor）によって修正することで得られ，この修正後の値を修正損傷頻度（adjusted failure frequency）と呼んでいる．

　API RP581 で用いられている GFF の一部を表 3.4 に例示するが，基本となる各機器の年間一般漏洩頻度は small（1/4 in），medium（1 in），large（4 in），ラプチャー（16 in 径の孔として扱う）の 4 段階の代表穴径毎に示されている．機器の発生頻度は，4 段階の穴径のそれぞれに対して与えられた損傷頻度の合計値を用いる．影響度の場合は後述のように，まずそれぞれの穴径について影響度を計算し，その結果を各孔径の損傷頻度値で重み付けを

表3.5 API-RP 581 第3版で損傷係数が与えられている損傷メカニズム

損傷メカニズム	環境，対象材料など
全面腐食，局部腐食	塩酸，硫化物，硫酸，フッ酸，サワー水，アミン，冷却水，土壌，炭酸，タンク低版，高温酸化
内面側ライニングの減肉	ライニング材（無機，有機，金属あて板/ライニング）
応力腐食割れ（SCC）	苛性ソーダ，アミン，硫化物，硫化水素アルカリ炭酸塩，ポリチオン酸，塩化物，
水素脆化割れ (Hydrogen Stress Cracking)	フッ酸，HIC/SOHIC
外面腐食，外面応力腐食割れ	炭素鋼（腐食），ステンレス鋼（SCC）
断熱材下腐食（CUI）	炭素鋼
断熱材下応力腐食割れ	ステンレス鋼
高温水素侵食	炭素鋼，低合金鋼の低温脆性破壊，低靱性破壊
脆性破壊	炭素鋼，低合金鋼の低温脆性破壊，低靱性破壊
Cr-Mo 系低合金鋼の脆化割れ	焼き戻し脆性，焼鈍割れなど
ステンレス鋼の475℃脆性	フェライト系ステンレス鋼
ステンレス鋼の σ 相脆化	ステンレス鋼
配管の疲労破壊	

して合算する．動機器の場合におけるように故障率モデルによって発生確率を求める場合には2母数ワイブル分布の使用が推奨されている．

　損傷係数は表3.5に示すように，全面腐食や応力腐食割れなど石油精製プラントで遭遇する主要な損傷メカニズムに対して与えられている．管理状態補正係数は表3.6に示されるように13項目，合計271の質問からなるワークブックを用いて評価する．

　影響度は，GFFで想定した1/4 in，1 in，4 in，破裂の4種類の代表径を漏洩孔として，それぞれの孔からの流出総量，流出速度を求め，流出様式（瞬間流出か連続流出か），流出の最終相の決定を行い，緩和システムを考慮の上可燃性物質漏洩による火災あるいは爆発の影響，毒性物質の漏洩による大気拡散，高温蒸気の漏洩など非毒性物質漏洩の影響，経済損失の4項目について評価する．可燃性物質影響と毒性物質影響は被害面積（ft²）で表し，環境への影響と経済損失は費用（US$）で表す．環境への影響と経済損失は

表3.6　API RP581 管理状態補正係数を求めるための評価項目

評価項目（英語）		評価項目数	質問数	評価点
リーダーシップと管理	Leadership & Administration	6	12	70
プロセス安全情報	Process safety Information	10	21	80
プロセス危険性解析	Process Hazard Analysis	9	26	100
変更管理	Management of Change	6	18	80
操業手順	Operating Procedures	7	23	80
安全活動	Safe Work Practice	7(8)	26	80
教育，訓練	Training	8	27	100
機械的健全性	Mechanical Integrity	20	52	120
操業開始前安全審査	Pre Satrtup Safety Review	5	9	60
緊急対応	Emergency Response	6	20	65
過去の事象解析	Incident Investigation	9	20	75
協力会社の管理	Contracters	5	10	45
監査	Managemet System Assessment	4	7	40
総計		103	271	995

可燃性物質のみで評価し毒性物質は考慮しない．RBI の影響度評価の目的は影響の詳細解析ではなく機器のリスクに基づくランキング付けをすることなので，そのために過度に複雑にならないよう配慮がなされている．評価方法の概要については次節で説明する．

3.2.3　API RP581 による影響度の評価方法[6]

API RP581 ではレベル1と2の2水準の影響度評価方法が選択できるようになっている．

レベル1評価では，その手順を**図3.5**にフロー図として示すように，放出される物質の量あるいは流出速度を計算すれば，用意されたルックアップテーブルの数値を用いてその物質の拡散濃度，火災時の輻射熱，爆風圧許容値のそれぞれに対する限界領域（楕円形と仮定し，その面積）を求めることができる．ここで用いられた計算モデルには以下の仮定が置かれている．
①放出される流体の相は液体か気体のいずれかとし，気液混相流は扱わない．
②混合物質の場合，分子量や沸点，比熱などの物性値は全体の平均値をとる．

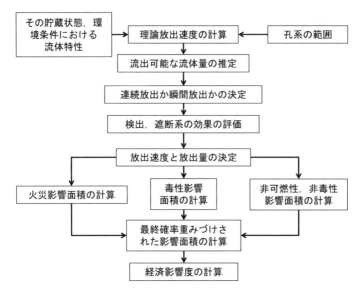

図 3.5　API RP581 レベル 1 影響度評価のプロセス

③放出後の各災害形態（プール火災，ジェット火災など）への進展確率と着
　火の確率は，流体の温度と自然発火温度により事前に決められた数値を用
　いる.
　レベル 2 評価は，例えば沸点の異なる複数の流体が混合している，理想気
体の条件式が使えない，2 相流での流出，BLEVE（Boiling Liquid Expand-
ing Vapour Explosion）が予測される，気象条件が複雑といったようなレベ
ル 1 では対応できないケースの解析が必要な場合に実施する.
　解析手順は**表 3.7** に示すようにレベル 1, レベル 2 ともに 12 のステップ
からなりここに示された手順に従って計算していけば良いように工夫されて
いる. 以下，解析方法をこの表に示された手順に沿って説明する.

［ステップ 1：流出流体の物性と相の決定］
　液体については標準沸点，密度，自然発火温度を，気体については標準沸
点，分子量，理想気体比熱比，定圧比熱，自然発火温度を RP 581 に貼付さ
れた表や物性ハンドブックなどから求める. 前述のように，レベル 1 で評価

表3.7　API-RP 581 影響度の解析ステップ

解析 ステップ	評価実施内容	対応レベル	
		レベル1	レベル2
1	流出流体の特性，流出時の相を決める	○	○
2	流出穴径の選択	共通	
3	理論流出速度の計算	○	○
4	流出可能量の推定	共通	
5	適用する拡散モデル決定のために流出様式 （瞬間 or 連続）を決定	共通	
6	流出の検知・設備切り離し系の効果の確認	共通	
7	放出速度と放出量の決定	○	○
8	火災/爆発影響度の計算	○	○
9	毒性影響度の計算	○	○
10	非可燃性，非毒性物質影響度の計算	○	○
11	確率で重み付けされた設備と人への最終影 響面積の計算	共通	
12	経済影響度の計算	共通	

する場合は液相か気相のいずれかとし，もし混相流解析が必要な場合はレベル2で評価する．また以下の解析プロセスに従ってレベル1で石油精製プロセスに関連した物質の影響度評価を実施する場合に必要な物性値や限界値は，全て RP 581 に表で与えられている．

［ステップ2：流出穴径の決定（in あるいは mm）］

　機器の損傷により生じた漏洩限となる孔の形状を円形と仮定し，GFF で想定された4段階の代表穴径を選択する．ここで最大穴径は rupture となっているが，その場合は直径16 in（406.4 mm）の円孔として計算を行う．

［ステップ3：流出速度の計算（kg/s）］

　第1章2節の図2.6に示されたオリフィスモデルにより，レベル1では液相流出，あるいは気相流出で流出速度が音速以上か以下の場合のいずれかのケースについて計算する．また気液混相（2相流）になる場合は保守的な結果が得られる液相の式で計算する．レベル2では流出相の判定を行い，液相，気相の場合にはレベル1と同じ式を用いて流出速度を計算するが，2相

流の厳密解析法はこの規格には示されていない.

［ステップ4：流出可能量の推定（kg）］

　漏洩を生じた機器の保有量と，この機器につながる機器の保有量（遮断操作を考慮して決められる）を加算した量が漏洩すると考える. 貯槽では漏洩に伴う他の機器への移送時間なども考慮して最大漏洩可能量を決める.

［ステップ5：流出様式の決定：瞬間流出あるいは連続流出］

　漏洩穴径が6.35 mm以下の場合は連続流出として扱う. それ以上の漏洩穴径については4536 kg（10000 lb）の流体の漏洩に要する時間が180秒以下であれば瞬間流出とし，それ以上の時間を要する場合は連続流出とする.

［ステップ6：流出の検知・設備切り離し系の効果の確認（影響の緩和，低減）］

　流出量を低減する措置として漏洩の検知と，漏洩機器あるいは漏洩箇所の遮断，切り離しの効果を評価する. まず検知，遮断それぞれのシステムについて与えられた評価区分に基づきその有効性の等級分類を行う. 次にこの等級に対応する流出の低減率と総流出継続時間（秒）を求める. 総流出継続時間は漏洩発見までの時間，状況を把握し対処するまでの時間，対策が終了するまでの時間を合計したものとされている. またラプチャーの場合には総流出時間は考えない.

［ステップ7：低減措置後の放出速度（kg/s）と放出量（kg）の決定］

　レベル1では，先ずステップ6で得られた流出低減率を考慮して修正流出速度を求め，次に流出時間を求める. これらを掛け合わせることにより修正流出量が得られる. レベル2では2相流の場合，ジェットタイプの流れと，液相が滴下して形成されたプールからの蒸発，蒸気雲形成，の場合について評価する.

［ステップ8：火災/爆発影響度の計算（影響面積）］

　影響面積は表で与えられた限界値を用いて，火災あるいは爆発による機器の損傷，人の負傷・障害の2ケースについて求める. ただしフラッシュ火災の場合は可燃性雲が燃焼下限界濃度（LFL）となる面積により求められる.

　連続流出と瞬間流出の場合について影響面積を求める基本式を式（3.1）と式（3.2）に示す.

$$CA_n^{CONT} = a(\text{rate}_n)^b \tag{3.1}$$

$$CA_n^{INST} = a(\text{mass}_n)^b \tag{3.2}$$

ここで

CA_n^{CONT}：連続流出時の影響面積，rate_n：修正流出率

CA_n^{INST}：瞬間流出時の影響面積，mass_n：修正流出量

　係数 a と指数 b は評価対象となる物質ごとに表で与えられており，流出流体の自己発火性の有無と，流出相が液体であるか気体であるかの組み合わせにより補正される．また影響面積は緩和システムの水準により決まる緩和係数と，瞬間流出の場合は流出穴径ごとに計算されるエネルギー効率補正係数で修正される．次に連続流出・瞬間流出混合係数を求めて，これにより影響面積を補正し，連続流出・瞬間流出混合影響面積を求める．さらに自己発火温度混合係数を求めてこれで先の混合影響面積を補正し，自己発火温度混合影響面積を得る．こうして各穴径ごとに修正，補正を重ねて計算された影響面積は，GFF 表から得られる放出穴径ごとの損傷頻度により式（3.3）（3.4）式を使って重み付けをして，最終影響面積となる．

$$CA_{cmd}^{flam} = \left(\frac{\sum_{n=1}^4 gff_n \times CA_{cmd,n}^{flam}}{gff_{\text{total}}} \right) \tag{3.3}$$

$$CA_{inj}^{flam} = \left(\frac{\sum_{n=1}^4 gff_n \times CA_{inj,n}^{flam}}{gff_{\text{total}}} \right) \tag{3.4}$$

ここで

$CA_{cmd,n}^{flam}$：各孔系における火災影響面積

$CA_{inj,n}^{flam}$：各孔径における爆発影響面積

gff_n：各孔系における漏洩頻度

gff_{total}：$gff_{\text{total}} = \sum_{n=1}^4 gff_n$

CA_{cmd}^{flam}：最終重みづけ火災影響面積

CA_{inj}^{flam}：最終重みづけ爆発影響面積

　レベル2ではまずイベントツリー図を用いて，液体で流出，気体で流出，2相流で流出のそれぞれのケースについて，流出時に着火があった場合となかった場合に最終的にもたらされる事象とその発生確率を求める．発生確率を求めるためのイベントツリーの各分岐確率は詳しく解説されている．着火の確率は流体の流出率に比例するとした関係式から求められるが，それ故，各穴径ごとに着火の確率は異なることになる．また自己発火温度近辺かそれ以上の温度の場合は着火の確率は流体の分子量に比例する．2相流体の場合は気体と液体の平均重量を用いて計算されている．漏洩後，即着火するか，あるいは遅れて着火するかは最終事象に大きい影響を持つ．この分岐確率は流出形態（連続か瞬間か），流出相，自己発火温度との温度差に支配されるとして，それらとの関係式が与えられている．蒸気雲爆発（VCE：Vapor Cloud Explosion）とフラッシュ火災の分岐におけるVCE発生確率は，放出の様式と相から得られた数値が与えられている．ファイヤーボールは気体か2相流が瞬間放出されて直ちに着火した場合に生じる．最終事象であるプール火災，ジェット火災，ファイヤーボール，フラッシュ火災，VCE，BLEVE，爆発，毒物拡散の発生確率は各分岐確率の積で求めることが可能で，その影響範囲を求めるために評価される因子を**表3.8**に示す．プール火災の場合を

表3.8　種々の火災モデルの影響評価で評価される項目

ステップ	プール火災	ジェット火災	ファイヤーボール	爆発
1	流体の燃焼率	火炎長さ	燃焼する気体の量	等価TNT量
2	プールサイズ	火炎の表面輻射熱	ファイヤーボールのサイズ	距離と過圧力の関係
3	火炎高さと傾き	ビューファクター	燃焼持続時間	安全距離
4	火炎の表面輻射熱	受熱面での輻射エネルギー	表面輻射熱	
5	ビューファクター大気透過率	安全距離	ビューファクター	
6	受熱面での輻射エネルギー	影響面積	受熱面での輻射エネルギー	
7	安全距離		影響面積	
8	影響面積			

表3.9　火災・爆発時の機器と人への影響限界

物理量	事象モデル	機器損傷限界面積	人の障害限界
爆発圧力	爆発	34.5 KPa	20.7 MPa
熱輻射量	ジェット火災 プール火災 ファイヤーボール	37.8 kw/m²	12.6 kw/m²
熱輻射量	フラッシュ火災	可燃性雲が LFL となる面積の25%	着火した時の可燃性雲が LFL となる面積

例にとると，燃焼率は燃焼により可燃物がプール表面から蒸発する速度として，温度が沸点と非沸点の場合について計算される．可燃物流体の流出により形成されるプールのサイズは，プール表面の蒸発率と流出孔からの流出率が等しくなる深さが5 mm の等価円形プールとして求められる．

　また計算可能なプール面積の上限は929.1 m²（直径34 m）に制限されている．火炎高さはプール半径，蒸発率，大気密度，風速から計算される．火炎の傾きは風速から求められ，風速の下限は1 m/s となっている．火炎から放射される輻射熱（表面輻射エネルギーと呼ばれる）は火炎寸法，可燃物流体の発熱量，蒸発率から求められる．受熱面での輻射熱はこれにビューファクター（発熱面と受熱面の位置的関係を示すパラメータ）を乗じることで得られる．輻射熱や爆発圧力の安全距離は，**表3.9** に示した限界値を用いて計算される．影響面積は，$(\pi)\times($安全距離$)^2$ として求める．

［ステップ9　毒性影響度の計算（影響面積）］

　毒性を有する物質が漏洩して拡散した場合の影響面積を求める．レベル1では，計算式はフッ化水素酸，硫化水素，アンモニア，塩素について与えられている．まず各穴系について有効漏洩持続時間を計算し，この値によって流出率あるいは流出量を求める．アンモニアと塩素の場合の影響面積は連続流出の場合は式（3.5），瞬間流出の場合は式（3.6）で計算される．

$$CA^{tox}_{inj.n} = e(\text{rate}^{tox}_n)^f \tag{3.5}$$

$$CA^{tox}_{inj.n} = e(\text{mass}^{tox}_n)^f \tag{3.6}$$

表 3.10　毒性影響面積を求める式（3.5）（3.6）で使用される係数と指数

連続流出時間（min）	アンモニア		塩素	
	e	f	e	f
5	2690	1.183	15150	1.097
10	3581	1.181	15934	1.095
15	4459	1.18	17242	1.092
20	5326	1.178	19074	1.089

ここで

$CA_{inj.n=}^{tox}$：影響面積，$rate_n^{tox}$：各穴からの修正流出率，$mass_n^{tox}$：修正流出量

　係数 "e" と指数 "f" は，表 3.10 に例示するように流出時間が 5，10，15，20 分の場合について物質ごとに示されている．最終毒性影響面積は火災影響面積と同じく，式（3.3）を用いて各穴径の発生頻度で重み付けをする事で得られる．ただし，ここに示された数値は常温で飽和状態にある低温タンク（ヘッドは 3.05 m）からの放出を仮定して得られており，また毒性の限界値は Probit 値で 5.0（致死率 50 %）としている．なおこうした解析は IDLH 値以下であれば不要であるとしている．アンモニアの場合であれば IDLH は 300 ppm である（IDLH：Immediately Dangerous Value for Life and Health）．レベル 2 水準による毒性影響評価のための具体的な拡散評価方法は示されていない．

[ステップ 10　非可燃性，非毒性物質の漏洩影響度の計算（影響面積）]

　レベル 1 では水蒸気と酸・アルカリの流出時の影響を評価する．水蒸気の流出の場合，人への障害の限界温度を 60℃（水蒸気-空気混合比で約 20 %）として漏洩時の影響面積を瞬間流出，連続流出，これらの混合の場合について求める．瞬間流出の場合は 20 % 水蒸気の流出量が 4.5 kg，45.4 kg，454 kg，4540 kg の 4 ケースについて影響面積を求める事になっている．酸・アルカリについては流出形態をスプラッシュのみと考え，影響面積は水の場合と同じ式を用いる．漏洩穴径は 0.25，1，4，16 in，圧力は 103.4，206.8，413.7 kPa とし，液体噴霧（spray）か水滴落下（rainout）が漏洩源から 180 度の半円形に広がるとして，その面積を影響面積とする．また設備に対

する影響はないとして人への影響のみを考え，深刻な障害を受ける人は全流
出面積の 20％の範囲内で発生しているという経験則を基に計算式で得られ
た影響面積を 5 で割った数値を発生頻度で重み付けして最終的な影響面積と
している．

［ステップ11　設備損傷と人の障害影響面積の決定］

　最終影響面積はステップ8，9，10 で得られた影響面積の中で最大のもの
とする．

［ステップ12　経済的影響度（Financial Consequence）の評価］

　経済的影響は以下の 5 項目の和として見積もられる．

　a）損傷設備の修理，交換費用

　b）周辺で影響，損傷を受けた機器の修理，交換費用

　c）事故による生産ロス，ビジネス（販売など）への影響金額

　d）人の障害により発生する費用

　e）環境浄化費用

損傷設備の修理費用は，損傷規模（漏洩穴径で代表する）に応じて一定の
「損傷費用」が提示されており，この値を，使用された材料に応じた「材料
ファクター」で補正して式（3.7）に示すように GFF を用いた加重平均値
として算出する．

$$FC_{cmd} = \left[\frac{\sum_{n=1}^{4} gff_n \times \mathrm{holecost}_n}{gff_{\mathrm{total}}}\right] \mathrm{matcost} \tag{3.7}$$

ここで

FC_{cmd}：機器損傷の経済影響度（\$），matcost（材料ファクター）は，炭
素鋼とのコスト比率として表で与えられており，例えば 1.25 Cr-0.5 Mo 鋼
では 1.3，304 ステンレス鋼では 3.2，チタンでは 28 となる．

　影響を受けた周辺機器の損傷被害額は火災と爆発の場合についてのみ求め
る．機器の修復費用は一定とみなし，これに経済影響面積を乗じて経済影響
度(\$)を得ているが，個別の機器のコストがわかればそれで修正しても良い．

　生産損失額（\$）は，損傷機器と周辺機器の損傷による停止期間に一日あ
たりの生産損失額を掛け合わせて得られる．機器の停止期間は損傷規模（漏
洩穴径で代表）より決まりその値は表で与えられている（反応器に生じた漏

洩孔が小径の場合を例に取ると漏洩による損失額は 10 000 ドル，停止期間は 4 日となっている）．こうして孔径毎に得られた生産損失額を式（3.7）で示したと同じ方法で穴径毎の GFF により重み付けをして総合生産損失額を得る．スペアパーツのある機器の損失額は割り引かれる．

　傷害対応費用は，プラント内の一定の想定人口密度値に，個人あたりの傷害対応費用と傷害影響面積をかけた値として算出される．人口密度は全ての機器で同じ値としているので，実情に応じて修正する．また，社内規則や標準，長期治療に関わる医療費と補償費用，法的な和解費用，規制強化対応や信用低下対策費用は別途見積もることが求められている．

　環境浄化費用は，漏洩して蒸発した毒性物質の量（確率重み付けされた）と環境浄化費用（\$/m^2）の積として得られる．また浄化に要した日数，漏洩物質の有害性，罰金などについても考慮する．

　以上，順を追って解析方法を示したが，各ステップの計算式と図表については規格（API RP581）本文を参考にしていただきたく，また各計算式やデフォルト値についてはどのようなモデルや流出物の状態（相，温度，濃度など）を想定してのものなのか，その想定条件をよく確認する必要がある．

3.3　RIMAP-CWA 15740 による RBI 評価手法の概要

3.3.1　RIMAP（Risk Based Inspection and Maintenance Procedures）について ────────────■

　RIMAP Consortium は，RBI のヨーロッパ統一基準を作成し，普及することを目的として 2001 年に発足し，2008 年に CWA15740（CWA：CEN Workshop Agreement "Risk Based Inspection and Maintenance Procedures"）[9] を公開して終了した．

　CWA15740 では圧力容器に特定せず，化学や鉄鋼，火力発電，海洋設備などさまざまな産業で用いられる幅広い型式の機器（静機器，動機器，計装，電気など）をリスク基準メンテナンスの対象としている．そのため材質劣化型の損傷には RBI を用いるが，機能低下・喪失型の故障に対しては RCM の手法を用いるなど，対象となる機器や損傷メカニズムに適合したモ

デルやリスクへのアプローチ方法を用いることを推奨している．ここでは
CWA15740 に示されたリスク基準アプローチの概要について RIMAP の開
発過程で公開された文書も参照しながら紹介する．

3.3.2　損傷様式の分類　──────────────────■

　RIMAP では前述のように損傷機構を静機器の材質的損傷と，動機器・安
全系機器の機能の異常・不調という 2 つのカテゴリーにわけているが，さら
に，こうした損傷・故障事象を損傷進展速度の予測が可能な Trendable タ
イプと，進展速度の予測が実用上困難，あるいは不可能な Non-Trendable
タイプに分け，それぞれに適応したリスクアセスメント方法の使用を勧めて
いる．応力腐食割れや水素脆化のような損傷メカニズムは時間に依存して進
展する事象として理解されているが，それらによる生産現場で供用されてい
る機器の漏洩や破損の発生を時間基準で予測することは難しく，RIMAP で
は Non-Trendable 事象として扱われている．具体的には次節で液体アンモ
ニアによる炭素鋼の応力腐食割れ事象を例に説明するが，この場合は検査に
より損傷の発生や程度を評価することが可能であり，その情報により発生頻
度（LoF）推定の確からしさを更新することが可能である．しかし，脆性破
壊のように突然発生し，進展速度が著しく速い事象は一般的な検査による検
出や発生の予測は困難で，使用温度や材料の遷移温度などの固定情報から発
生の予測や対応をせざるを得ない．

3.3.3　危害発生頻度（LoF）の評価方法　──────────■

　RIMAP では機器における損傷の発生頻度評価を，類似した環境条件で供
用されてきた機器における損傷発生・進展に関わる経験値から得られたデー
タを用いて統計的な推定を行う方法と，材料学的に想定される損傷や故障の
発生メカニズムから構造信頼性モデルを作成して予測を行う方法の 2 つのア
プローチが示されている．また現実には，このような統計モデルや数理モデ
ル解析を実施するだけの実績データや材料の損傷メカニズムに関わる寿命
データが不十分な場合も多く，そうした場合には専門家による発生の「し易
さ」のレビューが必要であることも明記されている．

　具体的に発生頻度を求める方法として，全面腐食減肉のように劣化進展速
度が明らかな場合（Trendable）を例にとって紹介する．この場合は以下に

示す9段階で発生頻度を評価する.

1) 評価期間 "S" を設定する（例えば規定定修間隔の2倍）.

2) 損傷進展速度 "CR" を決定する（傾向解析，設計条件などを基に）.

3) 検査有効度 "EF" を決定する.

　検査有効度は検査範囲と適用する検査方法の能力（検査限界欠陥寸法や精度などを基に決まる）の組み合わせから実施する検査のパフォーマンスレベルを求め，これを換算基準に基づき「有効度」に置き換える事で得られる. 検査手法のパフォーマンス評価で必要になる個別の検査方法の能力は損傷形態ごとに個別に表でスコアとして与えられている.

4) 予測損傷進展速度の確信度が平均か，あるいはそれより上か下かで，その確信度 "CF" を 0.9, 0.7, 0.5 の3段階のいずれかに定める.

5) 統合要因 "TF" を計算する.

$$TF = EF \times CF \tag{3.8}$$

6) 有効進展速度 "ECR" を計算する.

$$ECR = CR/TF \tag{3.9}$$

7) 有効破損時間 "ETTF" を計算する.

$$ETTF = CA/ECR \tag{3.10}$$

ここで CA は腐食しろ

8) ETTF/S の比を計算する.

9) ETTF/S の値を用いて発生頻度ランクを決める.

　事象としては時間依存型の損傷であっても劣化進展速度データが得られない場合（すなわち Non-Trendable）は，使用環境や材料特性に基づく損傷メカニズムに基づいて発生頻度（LoF）を決定する. 液体アンモニア中における炭素鋼の応力腐食割れを例にとると，**図3.6**[14)] に示されたアンモニア中の水分と溶存酸素量の組み合わせで決まる①から⑤の感受性区分により，LoF（発生頻度）を1から5段階のいずれかにカテゴライズする. 次に，**図**

3.7 に示す手順に従い，ここでカテゴライズされた LoF を，水分と溶存酸素の管理水準（分析頻度など），機器の応力除去焼鈍の有無と使用材料の強度レベル（強度が高い材料は応力腐食割れ感受性が高い），貯蔵条件（冷凍液化か加圧液化），過去の検査時における応力腐食割れ発生の有無で修正す

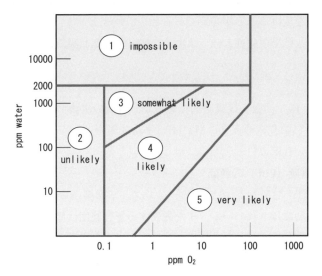

図 3.6　炭素鋼の液体アンモニア中における応力腐食割れの評価図

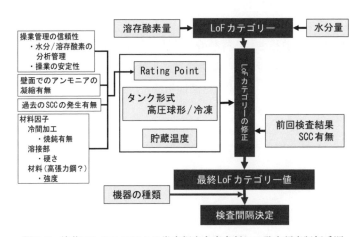

図 3.7　液体アンモニアによる炭素鋼応力腐食割れの発生頻度評価手順

る．修正された LoF カテゴリーと貯槽の形式から，内面検査間隔が決定される．ここでの内面検査は磁粉探傷法を想定しており，新設機器の場合は供用開始後の時間がこの手続きによって決定される検査周期の 50％を超える前に初回の検査を実施することが要求されている．また検査範囲は最も応力腐食割れ感受性の高い溶接部の 10％をミニマムとして，割れが見つかればさらに範囲を広げることが必要であるとしている．

　動機器の故障発生頻度 LoF_T は次式で算出することができる．

$$\mathrm{LoF}_T = 1 - e^{-\lambda T} \fallingdotseq \lambda T \ (\lambda T \text{が小さいとき}) \tag{3.11}$$

ここで，λ＝破損回数÷操業時間であるが，自社の破壊データや経歴から専門家の判断により求めるか，MTTF（平均故障寿命）がわかっていればその逆数を用いればよい．

3.3.4　影響度（CoF）の評価 ────────────────■

　RIMAP-CWA15740 ではスクリーニング，準詳細の 2 水準の影響評価方法が具体的に示されている．また評価する影響範囲は健康，安全，環境，事業の 4 領域に加えて治安，信用，公衆の混乱も含まれている．

　スクリーニングレベル評価では安全，健康，環境および事業に対する影響を，それぞれ 5 段階にランク付け可能な指標を用いて評価し，この中で最悪となったランクを評価対象となった危害の CoF（Consequence of Failure）とする．

　準詳細評価では放出される材料の可燃性，毒性，保有量，機器が内在する物質の圧力に伴うエネルギー，影響範囲，影響期間，周囲の人口分布に基づいて CoF の評価を行う．まず，可燃性指数 C_f と毒性指数 C_h を次に示す式 (3.12) (3.13) で求める．

$$C_f = N_m(1+k_e) \times (1+k_g+k_v+k_p+k_c+k_q) \tag{3.12}$$

$$C_h = N_h(1+k_g+k_v+k_p+k_c) \tag{3.13}$$

ここで

　N_m：可燃性指標（N_f：可燃性指標と N_r：反応性指標に依存する），

表 3.11　危険物カテゴリの区分とその区分け基準値

区分	内容	基準値
F	可燃性基準	F1=35, F2=65, F3=80, F4=95
H	毒性基準	H1=2, H2=6, H3=8　H4=10
M	保有量基準	M1=M2=M3=M4=500
P	保有エネルギー基準	P1=100, P2=900, P3=10,000, P4=20,000

N_h：健康指標，k_p：圧力ペナルティー，k_c：低温ペナルティー，k_q：保有量ペナルティー
（なおこの方法はオランダの圧力容器規格 G0701 に基づいているとのことで，ここに示された指標値やペナルティー値は RIMAP-CWA15740 の文書には示されていない.）

　次に可燃性指数 C_f，毒性指数 C_h，保有量 m（沸点以上に加熱された液体の量：kg），高圧危険性指数のそれぞれについて**表 3.11**（オランダ圧力容器規格 G0701）を用いて 4 段階のランクのいずれかに仕分ける. 可燃性指数 C_f については F1 から F4，同様に毒性指数 C_h については H1 から H4，保有量については M1 から M4 のいずれかにランク付けする. また高圧危険性指数 X は式（3.14）により得られる.

$$X = P_w V + \frac{mT^2}{32000} \tag{3.14}$$

ここで
　P_w：運転圧力（bar）
　V：保有されている蒸気か気体の容積（m³）
　m：沸点以上に加熱された液体の重量（kg）
　T：運転温度と大気圧での沸点の差（沸点以上の過熱度）（℃）
　m_h：毒性物質の重量（kg）
　高圧危険性指数 X は，保有エネルギー区分 P1 から P4 の値と比較してランク付けを行う. こうして得られたそれぞれの指標は**図 3.8** に示す手順に従って，各指標のうちの最高ランクに対応する影響範囲カテゴリーに区分けする. 影響範囲カテゴリーは，ある領域内の死亡率によって 5 段階に区分されている. さらに人口密度（その影響範囲カテゴリーの面積内にいる人間の

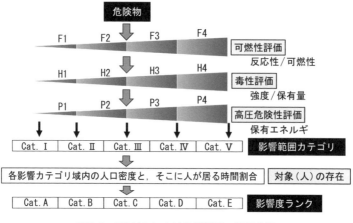

図 3.8　RIMAP における影響度の評価手順

数）と存在時間時間割合（1 日の内で影響範囲内に人が存在する時間割合）とを併せて考慮することで，影響度ランク（CoF）が A から E の 5 段階にクラス分けされる.

　ビジネスへの影響度 CoF_E は間接損失と直接損失を考慮して次に示す式（3.15）で求める.

$$CoF_E = C_{LP} + C_{PC} + C_{SC} + C_{ID} \tag{3.15}$$

ここで

　C_{LP}：生産損失，C_{PC}：一次損傷修復費（工数費×所用工数）＋（修理，修復に要した材料代）

　C_{SC}：二次的損傷を受けた部分の修復に要する費用，C_{ID}：間接費用

　詳細解析においては人間，植物，動物，設備に対する定量的な解析が必要であるとしているが具体的な手順は示されていない.

　こうして LoF，CoF 共に 5 段階のランク付けを行い，その組み合わせであるリスクは**図 3.9** に示すようなリスクマトリックスで極低，低，中，高，極高の 5 段階にランク付けされる. CWA15740 には LoF，CoF の定性的なランク判定基準が同図に示されるような分類で記載されており，これに基づいた準詳細評価も可能である.

発生頻度	評価	MTBE/年	PoF					
	よくあり得る	<1	$>1\times10^{-1}$					Very High
	あり得る	1~5	$1\times10^{-1}\sim10^{-2}$				High	
	可能性有り	5~10	$1\times10^{-2}\sim10^{-3}$			Medium		
	起こりそうにない	10~50	$1\times10^{-3}\sim10^{-4}$		Low			
	ほぼあり得ない	>100	$<1\times10^{-4}$	Very Low				
	健康影響			警告 （影響なし）	警告 （影響の可能性）	一時的障害あり 治癒出来る	公衆衛生に 限定的な影響 慢性障害の恐れ	公衆衛生に 深刻な影響 重篤な障害
	安全，障害			処置不要 仕事中断	応急処置 就業可能	一時的就業不能	恒久的な就業 障害発生	死亡者あり
	環境影響			影響ほぼ無し	漏洩程度の影響	マイナーな影響	構内に影響	構外に影響 長期間継続
	事業への影響			<10　€	10~100　k€	0.1~1　M€	1~10　M€	>10　M€
	保安			問題なし	工場内（局部的）	工場内（全般）	工場外に及ぶ	社会的な脅威
	会社への風評			なし	わずか	マスコミが注目	会社全体に及ぶ	法的な問題発生
	社会への影響			なし	無視できる	わずか	限られた地域	広い地域に及ぶ
						影　響　度		

図 3.9　RIMAP によるリスクマトリクスとリスク評価区分

3.4　EN 16991 Risk-based Inspection Framework（2018）[10] について

3.4.1　概要

　この EN 規格は，CWA15740（2008）と，これに関わる RIMAP Network："Risk-Based Inspection and Maintenance Procedures for European Industry" の延長上にあり，より経済性効率の高い検査・保全計画の作成と設備の安全，健康，衛生，環境対応能力の改善を主たる目的としている．この規格は CEN/TC319 委員会において作成作業が進められ，2016 年にドラフト版が公開され，その後さらなる検討を経て 2018 年 5 月に第 1 版として発刊されたもので，特に影響度評価の方法についてドラフト版は CWA15740 の方法を継承しているが，第 1 版では以下に紹介するように大きい変更があるので注意が必要である．

　EN 16991 の提案する RBIF（Risk-Based Inspection Framework）では API-RBI と比べて，より幅広い産業分野への RBI の適用を目的としているが，その RBI 解析の品質を確保するためには，

・RBI の評価が工場全体のプロセス安全管理体系に整合していること

・評価基準や適用方法が法規や規制に適合していること

・信頼に足る十分な量の情報に基づいていること

・所定の知識と能力を有する，プラント運営に関わる各専門分野の人が関与すること

・評価結果は保守的で，意志決定を有効的に支援できること
・広く認知された規格に則り評価が実施されること
・使用されたモデルや評価結果が検証されること
などの基本事項が満たされていることが必要条件であると述べられている．

　RBI の場合，その評価の妥当性を結果の数値で判断することは難しいため
解析プロセスの管理が特に重要であり，解析過程の透明化や文書化，基本条
件の確保には特に留意する必要がある．

3.4.2　RBI 評価の進め方 ━━━━━━━━━━━━━━━━━━━━━■

　図 3.10 には EN 16691 におけるリスク基準によるメンテナンス方法の意
志決定プロセスを示す．評価対象となる機器や設備が，材料の損傷メカニズ
ムに基づいて健全性を失う場合には RBI を，機器の機能喪失や故障が問題
になる場合には RCM（Reliability Centered Maintenance）を用いてリスク
を評価するとしている．RBI 解析においては，まずハザードを確認し，関連
する劣化機構と損傷様式を定めて影響度と発生確率を決定する．またリスク
に基づいて実施されたメンテナンスの結果については，パフォーマンス評価
指標（KPI：Key Performance Indicator）を用いて測定し，継続したリスク
低減への取り組みやメンテナンス方法の改善を行うことになっている．この
ように EN16991 では RBIF の骨格として PDCA サイクルが明確に形成され
ていることに注目する必要がある．

　EN 16691 ではまずスクリーニング解析によりリスクを 3 段階にランク付
けをして，詳細なリスク解析（中水準解析）が必要となる箇所を絞る事を推
奨している．中水準リスク解析では 5 段階にリスクランク付けがなされる
が，特にリスクが高いと評価された部位については，プロセス・運転条件，
検査方法，応力・材質評価，損傷メカニズムなどの主要リスク因子（KRI：
Key Risk Indicator）の精査を行った上で，検査方法や頻度，機器の修理，
更新，プロセスや運転条件の変更などのリスク低減のための対応を決める．
リスクが高い部位に時間，コスト，技術などの資源を集中して合理的に設備
の安全を実現するという立場は API における RBI 基準（RP-580，RP-581）
と同じである．

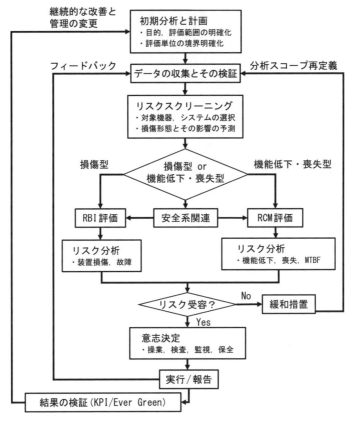

図 3.10　EN 16991 におけるリスク基準の意志決定プロセス

3.4.3　発生頻度の評価 ━━━━━━━━━━━━━━━━━━━━━━━━━ ■

　発生頻度の評価では "Multi-Level Analysis" が原則となっている．Multi-Level Analysis とは発生頻度評価に関わる情報や知識として，故障・損傷事象発生の歴史的情報に基づく統計的属性モデルと，機器の劣化進展メカニズムに基づく損傷発生の確率モデル（余寿命モデル）を使いわける，あるいは組み合わせて用いることを意味しており，これにより異なる方法，解析水準で得られた評価結果を比較，結合することができるとしている．こうして得られた発生頻度は，評価に用いられたデータの品質や発生した損傷の根本原因がどこまで解明されているかといった発生頻度評価の Controllability と，

実施された検査やリスク低減措置などのリスクの Actual Controllability に
基づく2つの係数により修正のうえ最終発生頻度とする.

　Multi-Level Analysis には API RP581 で用いられている定量的発生頻度
の解析方法も含まれるとしているが，GFF と，それを用いた解析手法は例
示されていない．付属書に示されたボイラーに対する具体的なリスクアセス
メントの例では，発生頻度は定性的な評価項目リストのそれぞれについてリ
スクランクを評価し，その集計結果検査の有効性により修正して求められ，
前節の図3.8に示したリスクマトリクスの LoF として表示されている.

3.4.4　影響度の評価 ━━━━━━━━━━━━━━━━━━━━━━━━━■

　EN 16991 においては安全，健康，環境（HSE），ビジネスの4分野にお
ける影響について評価するが，HSE への対応よりもビジネス上の経済的な
最適化を優先することがないように警告を与えている．また HSE 影響評価
においては直接的な影響だけではなくドミノ効果（ひとつの機器に生じた危
害が近接あるいは関連する機器に影響を及ぼし，新たな危害の発生につなが
ること）を考慮することが求められている．健康被害においては短期的な影
響だけではなく長期的な影響への対応についても触れられている．環境被害
は土壌，大気，地表水，地下水に対する影響を評価するとしており，その方
法は，環境に影響を及ぼす放出物質の特性，放出量，植物相，動物相への直
接的，間接的な影響，改善努力の要素を考慮に入れることが必要である．最
終的な HSE への影響評価結果は，文書化して関連する法規で認められた責
任ある機関で認証を得ることが必要になっている.

　ビジネス影響については，設備の損傷により生じた修理更新のための材料
費と人件費，また設備停止，内容物の喪失による生産損失に起因する減収，
品質不良の発生，生産能力減による利益減少，製品の再処理費用などを評価
する.

　また影響度評価にあたっては，例えば IEC/ISO 31010 などのように公開
され，広く認知された基準や文献に示された最新のモデルを用いることが要
求されている．具体的な影響度解析の方法については，2016年発行のドラ
フト版では RIMAP-CWA15740 の可燃性や毒性を基準値でカテゴライズす
る方法が紹介されていたが2018年の正式版ではこれが削除され，付属書に

おいて API RP581 のレベル 1 の解析手法が紹介されている．影響度評価を行う想定漏洩孔径は，API RP581 で用いている 4 段階の穴径を採用し，それらの漏洩孔からの連続流出モデルに基づく最終流出速度，あるいは瞬間流出モデルに基づく流出容量を用いた影響範囲の決定方法や，漏洩検出器，切り離しおよび緩和システムの効果を評価する定性的なクラス分け表も API RP581 の方法，数値を引用している．また，それぞれの孔について計算された影響の重み付けも API RP581 第 3 版の GFF に基づいて実施することとして，式（3.3）（3.4）を引用している．

3.4.5　パフォーマンスの KPI による測定 ────────────────■

　EN16991 は RBIF における PDCA ループを重視しており，「リスクアセスメントの結果に基づく意志決定，行動計画作成，実務の遂行，RBIF 導入の結果としてのメンテナンスのパフォーマンス」を KPI によって評価し，RBIF プロセスを継続的に更新していくための指針が規格本文中に示されている（API では RP 581 規格とは独立した API RP 754 Process Safety Performance Indicators for the Refining & Petrochemical Industries[15] においてパフォーマンスを評価する指標を定義し，評価方法を基準化している）．

　さらに RBIF で要求される PDCA ループにおいては，設計思想と設計条件，プロセスパラメーター，操業条件，計画外メンテナンス後の改善行為，計画メンテナンス，検査後の改善行為，また法的・コンプライアンス問題発生の場合はこれに対応する継続的な RBI 評価とリスク対応策の再評価，新しい技術や知識を積極的に導入することなどが必要であるとされているが，併せてリスク削減に必要とされるコストとの比較評価も重要な意志決定の要素とされている．これはまさに ALARP 領域に在るリスクに対して求められている対応と同じであると理解すれば良い．Evergreen Process（継続的な更新実施）は，内部の RBI 評価組織だけではなく，独立した監査組織による監査，外部組織によるアセスメントも要求している．また Evergreen Process 監査の対象となる RBI プロセスは同様な産業，会社，プラントのベストプラクティスに基づくベンチマークの設定によりさらに効果的かつ効率的に評価できるとしている．

　プラントの経営状態の評価には，経営利益や売上高などの経営指標がよく

知られているが，RBIF においては主としてプラントのアベイラビリティー
とメンテナンスコストに評価の焦点があてられ，**表3.12** に示すような KPI
が具体的に示されている．またこのような RBIF 適用の結果としてのパ
フォーマンスを評価するために以下に示すような手順が提案されている．

［ステップ1　メンテナンス管理の最終目標の明確化］

　工場，プラント，設備などの階層ごとに決定される．

　目標を決め，測定されるべき performance parameter を明らかにする．

表 3.12　主要パフォーマンス評価指標（KPI）の例とその評価内容

評価の目的，評価項目	Key Performance Indicator
安全と環境条件の改善 深刻な漏洩も小さな漏洩も皆無にする	漏洩事象にかかわる，安全，環境に影響するインシデントの件数
機械的健全性の管理システムの有効性を評価	圧力を保有している機器からの漏洩（Leak and Near Leak） ・内面腐食による leak/near leak ・外面腐食による leak/near leak ・機械的損傷による leak/near leak ・ガスケット/パッキンによる leak/near leak ・他の要因による leak/near leak
法規，内部規制への整合性（コンプライアンス）	静機器，配管，圧力容器に対する，未実施の監査の数
機械的健全性とコンプライアンスのマネジメント，管理	基準を外した業務にもかかわらず通知されなかった件数（繰り返し発生事象を除く）
RBI 計画の進展追跡 RBI 計画の管理，リスクの計量化が可能な水準にあるか	RBI が実施された静機器，配管の数
管理範囲の逸脱の評価	IOW の修正回数（終わったもの/終わらないもの）（IOW：Integrated Operating Window）
重要な RBI 想定の管理・制御に対する，パフォーマンスの測定	重大な IOW 逸脱の件数（12ヶ月移動平均）
健全性の管理：RBI 想定事項に対するコンプライアンスの保証	是認された IOW の監視ポイントを履行した割合（%）
プラントの稼働率	計画外停止時間（%） 機器形式毎の計画外停止時間（%） プラントとユニットの稼働率（%）
RBI 検査計画のアセスメント	RBI 検査計画に従った，検査発見事項

［ステップ2　関連する指標の選択］

　ステップ1で明らかにされたパラメータを測定するための指標を探す.

［ステップ3　解析に必要なデータの収集］

　指標を評価できるデータ，指標の測定方法，測定に必要な tool が必要

［ステップ4　指標の計算と提示方法の選択］

（ⅰ）指標の計算（評価）頻度の決定

　どれくらいの頻度で評価すれば事象が明らかになるか？（／日，／週，／月など）

（ⅱ）結果をどのように表現するか？

　トレンドカーブ，分布図など

（ⅲ）評価結果の検証

　典型的なモデルで indicator の有効性をチェックする.

（ⅳ）結果の考察と必要な対策の実施

　なお，メンテナンスマネジメントのパフォーマンスを評価するためのKPI については，CEN/TC319 WG6 Maintenance により作成された規格BS/EN15341[16] に詳しく示されている. また API RP754 では KPI に相当する PSI（Process Safety Indicator）を，プロセス安全の改善の達成度合いを評価する「達成度指標（lagging Indicator）」と，安全の将来動向を左右する活動を評価する「予測指標（Leading Indicator）」に分けているが,EN16991 ではその紹介に留めている.

3.5　消防庁特殊災害室：石油コンビナートの防災アセスメント指針[12]

3.5.1　概要

　石油コンビナート等災害防止法は「石油コンビナート等特別防災区域（石油コンビナートと呼ぶ）を有する都道府県が石油コンビナート等防災計画を作成し毎年これを検討すること」を義務づけている. 防災計画の策定には「災害の想定に関すること」が必要な事項として規定されているが，この指針は「災害の想定」を客観的かつ現実的に行うために作成されたもので

1994年に初版が公開され危険物施設の災害評価に広く使われてきた．その後阪神淡路大震災および東日本大震災を期に改訂され，現在の2016年版に至っている．本指針が対象とする地域は石油コンビナートとその周辺で，対象施設はコンビナート内にある可燃性物質，毒性物質を大量に貯蔵，処理する施設となっている．また対象とする災害は平常時および地震時に石油コンビナート施設で発生する可能性のある漏洩，火災，爆発などである．災害のシナリオはイベントツリーで表現され，これより想定される災害について確率的なリスク評価と確定的な影響度評価を行う方法が解説されている．

3.5.2　初期事象の設定と，その進展・拡大 ■

災害の発生・拡大シナリオの初期事象として機器の設計ミスや施工不良，操業ミス，装置材料の腐食などによる劣化といった起因事象を設定すると，必要以上にリスク分析が複雑となるので，「プロセス内容物の漏洩」あるいは火災や爆発などの「事故」を初期事象とする．具体的には，危険物タンクにおいては，損傷要因が短周期地震動の場合は配管の小破による漏洩，タンク本体の小破による漏洩，配管の大破による漏洩，タンク本体の大破による漏洩の4種の初期事象を想定し，また長周期地震動が発生要因となった場合は浮き屋根上への漏洩，浮き屋根の破損・沈降，タンク中のドレン配管の破損，タンク上部の破損（固定屋根式の場合）などが初期事象として想定されている．津波の場合はタンクの移動，転倒，配管の破損などによる漏洩と流出物質の津波による拡散などが想定されている．

初期事象の進展拡大防止策として危険物タンクでは，緊急遮断，手動によるバルブ閉止，一時的な流出拡大防止，緊急移送，仕切堤，防油堤といった防護層を構成し，その効果をイベントツリー解析により評価している．

3.5.3　確率論的リスク評価 ■

発生確率は過去の事故データから求める．連続運転施設の発生頻度λ(/年)は，

$$\lambda = n/T \tag{3.16}$$

で求めることができる．
ここで
n：ある期間内に発生した該当事故の発生数

表3.13　危険物タンクの年間事故発生頻度（1984年～2002年）

事象	発生件数	発生頻度
配管の小破漏洩	144	$144/(79{,}000 \times 14) = 1.3 \times 10^{-4}$/年
本体の小破漏洩	82	$82/(79{,}000 \times 14) = 7.4 \times 10^{-5}$/年
本体の大破漏洩	1	$1/(79{,}000 \times 14) = 9.0 \times 10^{-7}$/年

T：のべ運転時間で施設数とデータ収集期間の積

　具体例として危険物タンク（総施設数：79000基）において1989年から2002年の14年間における事故件数と，これより計算される年間事故発生頻度を**表3.13**に示す．

　入出荷施設のような不連続運転施設では，運用形態により式（3.17）（3.18）（3.19）のいずれかを用いて発生頻度λを求める．

$$\lambda = (n \cdot r)/(T \cdot R) \tag{3.17}$$

ここで

　r：評価対象施設の年間利用時間，R：全国の同種施設の平均利用時間

事故発生が機器の利用頻度に依存する場合

$$\lambda = (n \cdot f)/(T \cdot F) \tag{3.18}$$

ここで

　f：評価対象施設の年間利用頻度，F：全国の同種施設の年間平均利用頻度

パイプラインのように線状に連結した施設の場合

$$\lambda = (n \cdot l)/(T \cdot L) \tag{3.19}$$

　L：全国の同種施設の平均延長，l：評価対象施設の延長

　また，本指針には阪神淡路および東日本大震災時の危険物タンクや高圧ガス設備の被害率（該当地域の調査された施設数に対する比率）が具体的に示

されており，地震・津波による危険物施設の被害発生頻度を示すデータとして貴重である．

フォートツリー（FT）やイベントツリー（ET）を使って発生確率を評価する方法にも触れられているが，分岐確率を得ることが現状では困難な場合が多く，その場合は専門家の判断によらざるを得ないとしている．

3.5.4 災害の影響度の推定 ■

「解析モデルの設定」，「影響基準値の設定」，「影響度の推定」という手順で進める．この指針ではタンク，プラント，タンカー桟橋，パイプラインを代表的な施設として挙げ，これらより危険物，毒性物質が漏洩したというシ

表3.14 防災アセスメント指針で用いられた影響モデルと評価される指標

モデル	事象	指針で示された計算式
流出モデル	液体流出	容器開口時の液体流出速度を算出（m³/s）
	気体流出	容器開口時の気体流出率（kg/s）を音速未満，以上のケースで算出
蒸発モデル	揮発性液体の蒸発	流出した常温揮発性液体がプール形成時の蒸発率を算出（kg/m²s）
	過熱性液体の流出	沸点以上の温度で圧力をかけて液化したガスが漏洩した時のフラッシュ率を算出
拡散モデル	坂上連続点源モデル	点源からの連続放出時の拡散濃度分布
	坂上連続面源モデル	面源からの連続放出（蒸発）時の拡散濃度分布
	プルームモデル	pasquill-Gifford モデル（点源からの連続放出）
火災モデル	火炎からの放射熱	火炎から任意の相対位置にある面が受ける放射熱算出，（形態係数）X（放射発散度）
	液面火災	火炎が円筒としてモデル化できる場合の形態係数算出
	直方体火災	直方体火炎を想定した形態係数
	蒸気雲爆発（VCE）	蒸気雲が爆ごうを生じた場合の爆風圧と爆発中心からの距離の関係を算出
	ファイヤーボール	ファイヤーボールの直径と持続時間，放射熱を算出
	フラッシュ火災	ガス濃度が爆発下限界 or その1/2以上となる範囲が危険域，下限界濃度表記載
爆発モデル	容器破裂エネルギー	破裂時の放出エネルギーを算出
	飛散物飛散距離	LPG 容器の BLEVE による破片の飛散範囲計算式を紹介

ナリオのもとに，液体あるいは気体の流出拡散，爆発による風圧，ファイヤーボールやプール火災による輻射熱による被害を想定している．

　影響を受ける対象はコンビナート区域外の一般住民であると考えて，その影響範囲を決めるために放射熱，爆風圧，毒性ガスの拡散濃度に対する基準値が設定されている．基準値はその設定の背景をよく理解して用いる必要があるが，放射熱については $2.3\,\mathrm{kW/m^2}$ が，爆風圧については既存製造設備で $11.8\,\mathrm{kPa}$，新規製造設備で $9.8\,\mathrm{kPa}$ を，また急性毒性基準として IDLH（米国労働安全衛生研究所により決められた急性毒性基準）あるいは AEGLs（米国環境保護庁により提示された急性毒性基準）を用いることが推奨されている．

　輻射熱，拡散範囲，爆発被害については**表3.14**に示すモデルを想定しており，流出モデル，蒸発モデルにおいては，流出物質が大気中に拡散した場合の拡散濃度分布を，また流出物質に着火した場合には放射される熱量，爆発した場合には爆発エネルギーを求め，先ほど紹介した基準値に至る距離を求める．

3.5.5　大気拡散影響度の評価 ━━━━━━━━━━━━━━━■

　液体，気体が流出した場合の流出源モデルは第1章で紹介したものと同じである．貯蔵中の液体が気化，あるいは気体として貯蔵されている気体が大気中に漏洩して拡散したときの拡散濃度分布にはガウシアンモデルを用いているが，濃度の計算には以下に示すような坂上式を用いている．

　点源から連続的に流出した気体の拡散濃度は次に示す「連続点源の式」（3.20）で計算される．

$$C_{xyz}=\frac{Q}{uB\sqrt{\pi A}}\exp\left(\frac{-y^2}{A}\right)\exp\left(\frac{-(h+z)}{B}\right)I_o\left(\frac{2\sqrt{hz}}{B}\right) \qquad (3.20)$$

$$A=q_A\{\varphi_A x+\exp(-\varphi_A x)-1\}$$

$$B=q_B\{\varphi_B x+\exp(-\varphi_B x)-1\}$$

ここで

　C_{xyz}：任意の地点のガス濃度（体積%），

　X：水平風下方向，y：水平風横方向，z：鉛直方向，

　Q：単位時間あたりの拡散ガス量（$\mathrm{m^3/s}$），

u：風速，h：ガス発生源の高さ（m）(0,0,h)，

q_A, q_B, φ_A, φ_B：拡散パラメータ，

I_o：0次の虚数単位ベッセル関数 $I_0(x)=J_0(ix)$

　液体で流出した場合は流体流出率 qL（lm³/s）を基に式（3.6）による拡散ガス量 Q を計算し（3.21）式に代入する.

$$Q=\frac{q_L f \rho RT}{MP_o} \tag{3.21}$$

ここで

f：フラッシュ率，ρ：液密度（kg/m³），R：気体常数，

T：大気温度（K），P_o：大気圧（0.101 Mpa），

M：気体のモル重量（kg/mol）

　拡散パラメータは大気安定度によって決まり，大気が安定な場合の数値を**表3.15**に示す.

　四角い面状の流出源から連続して気体が流出している場合は以下に示す「連続面源の式」（3.22）で拡散気体濃度が計算される.

$$C_{xyz}=\frac{Qe^{-\frac{z+h}{B}\sqrt{A}}}{4uB}\left\{\Lambda\left(\frac{x+n}{\sqrt{A}}\right)-\Lambda\left(\frac{x-n}{\sqrt{A}}\right)\right\}\left\{\mathrm{erf}\left(\frac{y+m}{\sqrt{A}}\right)-\mathrm{erf}\left(\frac{y-m}{\sqrt{A}}\right)\right\}I_o\left(\frac{2\sqrt{hz}}{B}\right) \tag{3.22}$$

ここで

$$\Lambda(\eta)=\eta\,\mathrm{erf}(\eta)+\eta+\frac{1}{\sqrt{\pi}}e^{-\eta^2},$$

表3.15　坂上式における大気安定度と，対応する拡散パラメータ

大気安定度	ガス発生源高さ	ϕ_A	q_A	ϕ_B	q_B
安定	0.5 m	4.78×10^{-2}	4.26	4.20×10^{-2}	3.50×10^{-1}
	10 m	4.78×10^{-2}	4.26	4.60×10^{-2}	2.93×10^{-1}
	20 m	4.78×10^{-2}	4.26	4.71×10^{-2}	2.86×10^{-1}
	30 m	4.78×10^{-2}	4.26	4.77×10^{-2}	2.83×10^{-1}

$$\mathrm{erf}(\eta)=\frac{2}{\sqrt{\pi}}\int_0^{\eta}e^{-t^2}\mathrm{d}t\quad（誤差関数）$$

C_{xyz}：任意の地点のガス濃度（体積％），

Q：単位時間，単位面積あたりの拡散ガス量（m³/m²s），u：風速（m/s），

m：風に直角方向の面源の巾の 1/2（m），n：風方向の面源の巾の 1/2（m）

となる．

3.5.6　火災爆発影響度の評価 ■

火炎から任意の相対位置にある面が受ける放射熱は第2章で紹介した式と同じく式（3.23）により求めている．

$$E=\phi\varepsilon\sigma T^4 \tag{3.23}$$

ここで

E：放射熱強度（W/m²），T：火炎温度（K），

σ：ステファンボルツマン定数（$=5.67\times10^{-8}$ W/m² K⁴），

ε：放射率，ϕ：形態係数

同じ流体であれば火炎温度と放射率は変わらないとして，

$$Rf=\varepsilon\sigma T^4(\mathrm{W/m^2}) \tag{3.24}$$

とおくと式（3.24）は，

$$E=\phi R_f \tag{3.25}$$

となる．R_f は流体の物性より計算できるが，指針には例えば灯油であれば50 kW/m²，重油では 23 kW/m² といった数値が表で与えられている．

　円筒形の火炎モデルを想定すると，火炎底面と同じ高さにある受熱面を考えたときの形態係数は式（3.26）のようになる．

$$\phi=\frac{1}{\pi n}\tan^{-1}\left(\frac{m}{\sqrt{n^2-1}}\right)+\frac{m}{\pi}\left\{\frac{(A-2n)}{n\sqrt{AB}}\tan^{-1}\left(\sqrt{\frac{A(n-1)}{B(n+1)}}\right)-\frac{1}{n}\tan^{-1}\left(\sqrt{\frac{(n-1)}{n+1}}\right)\right\} \tag{3.26}$$

ただし

$A=(1+n)^2+m^2, \ B=(1-n)^2+m^2,$

$m=H/R, \ n=L/R, \ H$：火炎高さ，R：火炎底面半径，

L：火炎底面の中心から受熱面までの距離

　ここで，機器の開口部から流出して直ちに着火して火災となった場合の流出火炎面積は式（3.27）で計算する．

$$S=\frac{q_L}{V_B} \tag{3.27}$$

S：火炎面積（m²），q_L：液体の流出率（m³/s），

V_B：液体の燃焼速度（液面低下速度 m/s で示し，主な可燃性液体に対して表により数値が示されている．重油：0.28×10^{-4} m/s）

　円筒型タンク全面火災の場合はタンク屋根と同じ底面積を持ち高さが $3R$ の円筒形を仮定する．また防油堤内に流出してその内部で全面火災になった場合は防油堤内面積と同じ底面積で高さが $3R$ の円筒形を想定する．

　燃焼面積が大きくなると中心部への酸素供給の不足による不完全燃焼により黒煙発生が増加する．この黒煙（煤）による火炎からの放射熱量の遮蔽効果を指針では，火炎径 D の増加による放射発散度の低減係数 r として式（3.28）で与えている．

$$r=\exp(-0.06D) \tag{3.28}$$

ただし，r の下限を"0.3 程度"と制限し，燃焼物による違いはないとしている．

　蒸気雲爆発については，爆風圧と爆発中心からの距離の関係が式（3.29）のように与えられている．

$$L=\lambda^3\sqrt{W_{\mathrm{TNT}}}=\lambda^3\sqrt{\frac{W_G f\phi Q_G \gamma}{Q_{\mathrm{TNT}}}} \tag{3.29}$$

ここで

L：爆発中心からの距離（m），λ：換算距離（m/kg$^{1/3}$），

W_{TNT}：TNT 当量（kg），W_G：可燃性ガスの（液体）の流出量（kg），

Q_G：可燃性ガスの燃焼熱量（J/kg），

Q_{TNT}：TNT 可約の燃焼熱量（4.184×10^6 J/kg），

f：流出ガスのフラッシュ率，ϕ：爆発係数（0.1），

γ：TNT 収率（0.064）

　ファイヤーボールの直径と燃焼継続時間との間の関係は式（3.30）と（3.31）のように示されている.

$$D = 3.77 \cdot W^{0.325} \tag{3.30}$$

$$t = 0.258 \cdot W^{0.349} \tag{3.31}$$

ここで

D：ファイヤーボールの直径（m），t：燃焼継続時間（s），

W：燃焼ガス量：可燃性ガス量（W_g）と理論酸素量の和（kg）

　また，AIChE-CCPS で用いられる W_g を基にした式（3.32）（3.33）（3.34）も示されている.

$$D = 5.8 \cdot W_g^{1/3} \tag{3.32}$$

$$t = 0.45 \cdot W_g^{1/3} \quad (W_g < 30000\ \text{kg}) \tag{3.33}$$

$$t = 2.6 \cdot W_g^{1/6} \quad (W_g > 30000\ \text{kg}) \tag{3.34}$$

　ファイヤーボールの中心の高さ H(m) は式(3.35) で求めることができる.

$$H = 0.75 \cdot D \tag{3.35}$$

ファイヤーボール中心から水平距離（X）だけ離れた受熱面で受ける放射熱は（3.23）式で求めることができるが，ファイヤーボールの場合の形態係数は次に示す式（3.36）となる.

$$\phi = (D/2L)^2 \tag{3.36}$$

　フラッシュ火災に対しては爆風圧よりも放射熱が問題になり，漏洩気体濃度が爆発下限界または，その 1/2 以上となる範囲を危険域としている．

　容器破裂によるエネルギーは Brode の式 (3.37) と Crowl の式 (3.38) が紹介されている．

$$E = (P - P_0/\gamma - 1)V \quad (\text{Brode の式}) \tag{3.37}$$

$$E = PV[\ln (p/p_0) - (1 - P_0/P)] \quad (\text{Crowl の式}) \tag{3.38}$$

ここで

　E：破裂により放出されるエネルギー (J)，

　P：破裂前の容器内絶対圧力，P_0：破裂後の圧力 (0.101 MPa)，

　V：内容積 (m^3)，γ：容器内の気体の比熱比

容器破裂時の飛散距離については式 (3.39) (3.40) が示されている．

$$L = 90M^{0.333} \quad (\text{容積} < 5\,\mathrm{m}^3) \tag{3.39}$$

$$L = 465M^{0.10} \quad (\text{容積} < 5\,\mathrm{m}^3) \tag{3.40}$$

ここで

　L：破片の最大飛散距離 (m)，M：破裂時の貯蔵物質量 (kg)

である．

■ 第 3 章　参考文献 ■

1) WASH-1400, "Reactor Safety Study：An Assessment of Accident Risks in U.S. Commercial Nuclear Power Plants", NUREG-75/014, US NRC（1975）

2) ASME, CRTD, Risk-Based In-Service Inspection-Development of Guidelines, Vol 1 CRTD 20-1（1991）, Vol 2 CRTD 20-2（1992）, Vol 3 CRTD 20-4（1994）

3) API, Publication 581, Preliminary Draft（1996）, Base Resource Document on Risk-based Inspection

4) API, Publication 581, First Edition（2000）, Risk-Based Inspection Base Resource Document

5) API RP 580, Risk-based Inspection 3rd Edition（2016）

6) API RP 581, Risk-based Inspection Methodology 3rd Edition（2016）

7) ASME PCC-3-Inspection Planning Using Risk-Based Methods（2017）

8) John Moubray, Reliability-centered Maintenance, Butterworth-Heinemann（1997）

9) CEN Workshop Agreement CWA 15740, Risk-Based Inspection and Maintenance Procedures for European Industry（RIMAP）

10) EN16991, Risk-Based Inspection Framework（2018）

11) 日本高圧力技術協会，HPIS Z 106 リスクベースメンテナンス（2018）

12) 日本高圧力技術協会，HPIS Z1071-TR リスクベースメンテナンス　ハンドブック　第 1 部：一般事項（2010）

13) 消防庁特殊災害室，石油コンビナートの防災アセスメント指針　（2013）

14) A.Cracknell, Stress corrosion Cracking of Steels in Ammonia, I.Chem.E Symposium Series No. 50 47〜55（1973）

15) ANSI/API RP-754 Process Safety Performance Indicators for the Refining & Petrochemical Industries（2016）

16) BS EN 15341, Maintenance‐Maintenance Key Performance Indicators（2007）

第2部

シミュレータによる
影響度評価

4 シミュレータを用いた影響度評価

4.1　各種シミュレーションツールの概要

　化学プラントにおける火災や爆発事象は，発生頻度は非常に低いものの，一度発生すると甚大な影響をもたらす恐れがある．事業者は，事業の継続性や事業者としての社会的責任から，事故の結果によって事業所内の人や設備などの財物，周辺の住民などへもたらされる影響を評価し，予防のための適切な措置を講じることで，安全を維持・管理することが求められる．これらの事故事象の影響の見積もりにおいて，一般的にシミュレーション技法が用いられる．本項において紹介する影響度評価シミュレーションツールは，漏えい，火災や爆発などの複雑な物理化学的事象に対して，風速，気温，湿度などの気象条件，化学物質の物性，発生条件，発生後の動態などをパラメータとする数理モデルが組み込まれており，複数のケーススタディを簡便かつ短時間で実施できるため，事故による影響度の見積もりや，事故発生時の緊急対応などの策定に活用することが可能である．しかしながら，影響度評価シミュレーションに用いられる数理モデルは，本来複雑な物理化学的現象を単純化するための一種の近似が施されており，その前提となる仮定には留意しなければならない．例えば，影響評価ツールに搭載されている大気拡散モデルでは，流出した有害物質が大気の運動によって風下方向へ移流拡散する事象を極めて短時間で予測，評価することができるが，流れに乱れや変化を与える壁，化学設備等の構造物の影響は無視され，評価結果に反映されない．このほか，爆発によって生じる爆風の伝播に対する構造物の効果や，火災によって生じる輻射熱に対する遮蔽物などの影響についても，構造物の密集度をパラメータとして単純化したモデルが用いられている．したがって，影響度評価シミュレーションを用いる上で，どのような数理モデルを用いて評価を行うか，また得られた結果をどのように解釈するか，については注意

が必要であり，評価者には知識と経験が必要となる．

このような有用性から，影響度評価シミュレーションツールは有料かつ高価なものがほとんどであるが，近年，無償で使用できる評価ツールが公開されている．本章では，国内外の評価ツールについて紹介し，作成した仮想の事故シナリオに対して各種ツールを用いて影響評価を行い，その結果の比較を併せて紹介する．

4.1.1　一般社団法人　日本化学工業協会 "Risk Manager"（有償）────■

Risk Manager は，日本化学工業協会によって開発された有償の化学物質リスクの評価ツールである．化学物質を取り扱う事業者が有する広範なリスクのうち，通常操業状況での周辺環境・住民への影響，作業現場での作業者の健康への影響，事故想定時での周辺への影響・被害の3つのリスクを定量的かつ総合的に共通の尺度を用いて評価を行うことができるツールとなっている．また，プログラム本体およびユーザーガイドが日本語で作成されているため，利用者にとっては導入のハードルが低く，取り扱いやすいものとなっている．

残念なことに，2014年4月をもって日本化学工業協会では Risk Manager の販売を終了したことが公式ホームページに記載されている．

4.1.2　米国環境保護庁（EPA），米国海洋大気庁（NOAA）"ALOHA"（無償）[1]

ALOHA（Areal Locations of Hazardous Atmospheres）は，米国における「緊急事態計画および地域住民の知る権利法（EPCRA：Emergency Planning and Community Right-to-Know Act）」に基づく事業者の義務の遂行を支援し，地域住民の知る権利を保障することを目的として，米国環境保護庁（EPA）および米国海洋大気庁（NOAA）によって開発された有害性物質や可燃性物質などの漏えいや火災・爆発による影響を評価するための無償のソフトウェアである．影響を及ぼす範囲は，設定した判定値（Level of Concern）に基づく影響度の等値線で示される．同じく EPA によって提供されている MARPLOT（Mapping Applications for Response, Planning, and Local Operational Tasks）に日本の地図データを取り込むことで，評価結果を地図上に投影することができる．マッピングツールの活用によって，発生する有害ガスの蒸気雲や火災・爆発を含めた，有害な化学物質の放出による

危険地域の予測が可能である.

4.1.3　DNV GL "Phast"（有償）[2] ────────────■

　DNV GL は，ノルウェー・オスロに本部を置く船級協会 Det Norske Veritas（DNV）とドイツ・ハンブルグに本部を置く船級協会 Germanischer Lloyd（GL）の合弁によって設立された第三者機関として，認証業務，船級業務，アセスメント業務を行っている.　DNV GL の影響評価ツールである Phast は，化学物質の大気放出，火災や爆発によって生じる人命，財産，環境に対する危険性を解析し，その影響度を定量化することができ，発電，製油所，石油化学，製薬などのプラントや，危険物取扱い施設，石油掘削等の洋上設備を評価の対象として広く活用されている.　また，影響評価に入力するパラメータに対して感度解析を行うことができるため，影響低減効果のあるパラメータを抽出し，効果的なリスク対策の検討を実施することが可能である.　さらに，Phast は，米国における液化天然ガス施設に関する安全規制において要求されるガス拡散評価の手段として用いることが認められている.

　一方，これまで紹介した Risk　Manager および ALOHA と比較して，Phast では計算パラメータの数が多く，数理モデルも複雑になっており，そのモデルの理解においても習熟に時間を要することから，上級者向けのツールとして位置づけられる.

4.1.4　SAFER Systems 社 "TRACE", "Real-Time"（有償）[3] ────■

　SAFER TRACE（Toxic Release Analysis of Chemical Emissions）は，SAFER Systems 社が開発した有償の影響評価ツールである.　SAFER TRACE では，化学物質の放出，爆発，火災や微粒子の拡散事象を取り扱うことができる.　また，Phast と同様に感度解析も実施可能である.　さらに，純物質だけでなくアンモニア水や，複数の炭化水素の混合物を定義し，評価することが可能である.

　SAFER Real-Time は，固定の気象観測装置から気象データをリアルタイムで取り込みながら，漏えいしたガスが到達する位置と濃度を経時的に計算することができるツールである.　気象条件をあらかじめ入力する必要がある TRACE との違いはこの点にある.　したがって，一定の気象条件化での大気

拡散ではなく，時々刻々変化する気象を反映させた実現象に近い有害ガスの動態を評価することが可能である．

4.2 各種シミュレーションによる評価の比較

仮想の事故シナリオに基づいて各種シミュレーションによる評価の比較を行った．用いた評価ツールのバージョンは下記のとおりである．

4.2.1 アンモニアの漏えい ────■

アンモニアタンクからの漏えい事故を想定し，以下の条件で大気拡散評価を行った．なお，ツールによって入力が不可能なパラメータがあるが，可能な限り計算条件は合わせることとした．

図 4.1〜4.3 に各ツールの評価結果の比較を示す．ALOHA と TRACE は概ね同等の拡散評価結果が得られることが分かった．一方，Phast では TRACE および ALOHA より ERPG 到達距離は短い傾向となった．Risk Manager はいずれのケースでも ERPG 到達距離が他のツールより短い結果となった．

アンモニアガス自体は，空気よりも軽いガスであるが，流出したアンモニアガスは空気中の水分を吸収して空気よりも密度が大きくなるため，ツールによって自動的に重いガスと判別した上で評価された．

表 4.1　各種ツールのバージョン

ツール名	バージョン
ALOHA	5.4.4
Risk Manager	1.0
TRACE	8.0
Phast	7.11

表 4.2　アンモニア流出条件

パラメータ名	入力値
風速	2 m/s
風速参照高度	3 m
気温	25℃
大気安定度	C
相対湿度	50%
曇り度	中程度5（0-10のうち）
物質	液体アンモニア
タンク形状	横置き円筒形
直径	2.6 m
長さ	8.1 m
容積	43 m^3
物質重量（体積換算）	26.6 トン（40 m^3）
流出穴径	0.25, 1, 4 インチ
流出穴位置	底部（0 m）

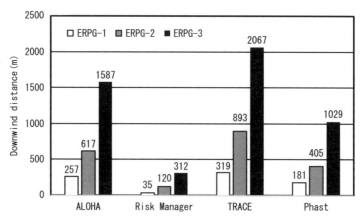

図4.1 アンモニアの到達距離（流出穴径：1/4インチ）

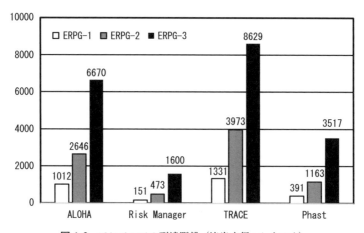

図4.2 アンモニアの到達距離（流出穴径：1インチ）

表4.3 アンモニアのERPG値と影響度

しきい値レベル （アンモニアのERPG値）	生じる影響
ERPG-1（750 ppm）	60分の曝露で死に至るような健康影響を生じない限界濃度
ERPG-2（150 ppm）	60分の曝露で後遺症あるいは重篤な健康影響および機能障害を生じない限界濃度
ERPG-3（25 ppm）	60分の曝露で一過性の軽い健康被害や，不快なにおいを感じない限界濃度

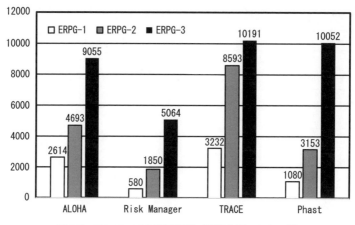

図 4.3 アンモニアの到達距離 (流出穴径:4 インチ)

各ツールに導入されている空気よりも密度が高いガスの評価モデルは以下のとおりである. ALOHA では, 米国 EPA が開発した DEGADIS モデル[4]を, 簡易モデル化した通称 ALOHA-DEGADIS モデルが導入されている. Risk Manager では, 米国 Lawrence Livermore 国立研究所が開発した SLAB モデル[5] を用いている. さらに, Phast は独自に開発した Unified Dispersion Model[6] が導入されている. これらのモデルの違いが計算結果に反映されているものと考えられる.

4.2.2 ベンゼンのプール火災 ────────────────────■

プール火災モデルの比較を行うため, ベンゼンを評価の対象として 10 m² の防液堤内にプール火災が形成した際の放射熱の到達距離について計算を行った. 計算条件を表 4.4, 4.5 に示す.

図 4.4 に放射熱到達距離の評価の比較を示す. その結果, ALOHA と Phast の評価では放射熱の各しきい値レベルに達する距離について同等の結果が得られた. 一方, Risk Manager ではいずれのしきい値においても他のツールよりも遠方まで影響が及ぶものと評価された.

表4.4　ベンゼンのプール火災
評価条件

パラメータ名	入力値
風速	2 m/s
風速参照高度	3 m
気温	25℃
大気安定度	C
相対湿度	50%
曇り度	中程度5 (0-10のうち)
物質	ベンゼン
防液堤面積	10 m^2
物質重量	2950 kg

表4.5　放射熱の影響度評価のしきい値

しきい値レベル 放射熱（kW/m^2）	生じる影響
10.0	1分間の曝露により 死亡する
5.0	1分間の曝露により 二度のやけどを負う
2.0	1分間の曝露により 痛みを感じる

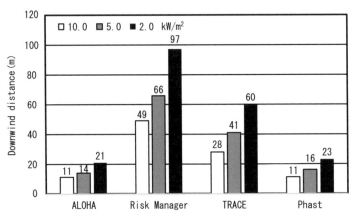

図4.4　プール火災による放射熱の評価結果の比較

4.2.3　プロパンのファイヤーボール ■

　ファイヤーボールは，タンクから噴出する過沸騰状態の可燃性液体が燃焼
して形成する球状火炎現象のことである．ファイヤーボールの評価事例とし
て，液化プロパンの球形タンクから全量放出による放射熱評価を実施した．
評価条件は**表4.6**に示す．

　図4.5に評価結果の比較を示した．ALOHA と Phast はほぼ同等の結果

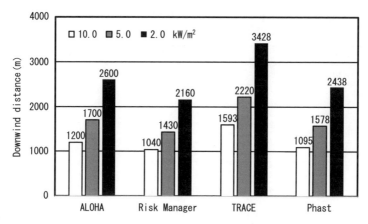

図4.5　ファイヤーボールによる放射熱の評価結果

が得られた．ファイヤーボールの評価モデ
ルには，英国安全衛生庁（HSE）の
Robertsのモデル[7]およびオランダ応用科
学研究機構（TNO）のモデル[8]が存在す
る．燃料の重量Wをパラメータとして，
火炎球の直径*D*，燃焼時間*t*がモデル式に
よって算出される．これらの算出式は以下
のとおりである．

HSE Roberts　　　$D = 5.8 \times W^{1/3}$

　　　　　　　　　$t = 2.6 \times W^{1/6}$

　　　　　　　　　　（$W > 30\,000$ kg）

　　　　　　　　　$t = 0.45 \times W^{1/3}$

　　　　　　　　　　（$W < 30\,000$ kg）

TNO yellow book　$D = 6.48 \times W^{0.325}$

　　　　　　　　　$t = 0.852 \times W^{0.260}$

表4.6　プロパンのファイヤー
　　　　ボール評価条件

パラメータ名	入力値
風速	2 m/s
風速参照高度	3 m
気温	25℃
大気安定度	C
相対湿度	50%
曇り度	中程度　5 (0-10 のうち)
物質	液化プロパン
タンク形状	球形
直径	15.7 m
容積	2026 m³
物質重量	995 トン

本ケースの条件をこの式にあてはめると，以下の**表4.7**の結果が得られる．
　このことから，いずれのツールにおいてもファイヤーボール直径の計算に
TNOのモデルを使用していることが示唆された．

表4.7　ファイヤーボールの放射熱計算におけるパラメータの比較

モデル	ファイヤーボール直径 D（m）	燃焼持続時間 t（sec）
ALOHA	577	28
Risk Manager	576	30.9
TRACE	576.4	25.9
Phast	576.6	30.9
HSE Roberts の式	579.0	25.98
TNO の式	576.6	30.9

　一方，燃焼持続時間については Risk Manager，Phast では TNO の式，TRACE では HSE の式を用いているものと判断される．ALOHA では，テクニカルドキュメントより TNO の式を用いて燃焼持続時間の評価がなされるとの記述があるが，計算結果は一致しなかった．

　Phast では今回，推奨するモデルを自動的に選択したが，TNO および HSE のモデルを任意で選択することが可能である．上記比較より，TNO のモデルを自動選択していることがわかる．

　放射熱の影響が及ぶ範囲については，TNO のモデルを使用している ALOHA，Risk Manager，Phast では概ね同等の評価結果となったが，TRACE では遠方まで影響が及ぶ評価結果となった．

4.2.4　シクロヘキサンの蒸気雲爆発 ────────────────■

　貯槽などのタンクから漏えいした可燃性ガスが，空気との混合によって可燃性雰囲気を形成し着火した場合，爆発し，爆風とともに圧力波が伝ぱする．ここでは，シクロヘキサンが蒸気雲爆発を起こした時の影響度について各種ツールを用いて比較を行った．**表4.8**，**4.9** に計算条件を示した．

　評価の結果を**図4.6**に示した．Risk Manager，TRACE，Phast では TNO の Multi Energy モデル[9] を用いて計算しているため，概ね同等の結果が得られた．一方，ALOHA では Baker-Strehlow-Tang の式[10] を用いているため他のツールよりも遠方まで影響が及ぶ結果となっている．また，建物が破壊する程度の影響を及ぼす爆風圧は得られなかった．

表4.8　シクロヘキサンの蒸気雲爆発の
　　　　計算条件

パラメータ名	入力値
風速	2 m/s
風速参照高度	3 m
気温	25℃
大気安定度	C
相対湿度	50%
曇り度	中程度　5（0-10のうち）
物質	シクロヘキサン
物質重量	100 トン

表4.9　爆風圧の影響度のしきい値

しきい値レベル 爆風圧（kPa）	生じる影響
55	建物が破壊する
24	重傷を負う
7	ガラスが割れる

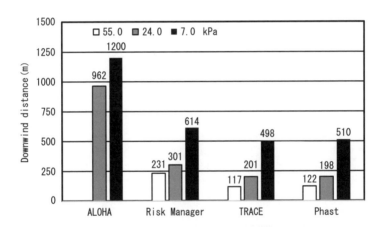

図4.6　シクロヘキサンの蒸気雲爆発による爆風圧評価結果

4.3　まとめ

　影響評価のための各種ツールに関して，仮想の事故シナリオに基づいて影響度評価の比較を行った．以下にその概要をまとめる．

　大気拡散評価については，Risk Manager はいずれのケースについても影響範囲の到達距離が短く，過小評価となる可能性があるため注意が必要である．無料の影響度評価ツール ALOHA は，TRACE や Phast と概ね同等の

結果が得られることがわかった.

プール火災の評価では, Risk Manager は遠方まで放射熱の影響が及ぶ評価結果となった. これに対して, ALOHA は Phast と同等の結果が得られた.

ファイヤーボールの評価について, ALOHA, Risk Manager, Phast は使用されるモデル式が同じであるため, 同等の評価結果が得られた. 一方, TRACE では遠方まで放射熱の影響が及ぶ結果となった.

シクロヘキサンの蒸気雲爆発の評価では, オランダ TNO の Multi Energy モデルを用いている Risk Manager, TRACE, Phast について同等の結果が得られているのに対して, ALOHA では Baker-Strehlow-Tang の式を用いており, 遠方まで爆風圧の影響が及ぶ結果となった.

最後に, 本稿が影響評価の実施にあたって, 各ツールを使用する際に計算条件や計算モデルの選択において一助となれば幸いである.

■ 第 4 章 参考文献 ■

1) U.S. Enviromental Protection Agency, ALOHA Software,
https://www.epa.gov/cameo/aloha-software

2) DNV GL, Process hazard analysis software - Phast,
https://www.dnvgl.com/services/process-hazard-analysis-software-phast-1675

3) SAFER SYSTEMS, SAFER TRACE, https://www.safersystem.com/products/safer-trace/

4) T. Spicer and J. Havens, User's guide for the DEGADIS 2.1 dense gas dispersion model, US Environmental Protection Agency, 1989.

5) D. L. Ermak, User's Manual for SLAB : An Atmospheric Dispersion Model for Denser-Than-Air Releases, UCRL-MA-105607, 1990.

6) H. W. M. Witlox and A. Holt, A unified model for jet, heavy and passive dispersion including droplet rainout and re-evaporation, International Conference and Workshop on Modelling the Consequences of Accidental Releases of Hazardous Materials., pp. 315-344, 1999.

7) A. F. Roberts, Thermal Radiation Hazards from Release of LPG from Pressurized Storage, Fire Safety Journal, 4(3), pp. 197-212, 1981.

8) W.F.J.M. Engelhard, Heat flux from fires, TNO-Yellow-Book-CPR-14E, Chapter 6, 1997.

9) W.P.M. Mercx and A. C. van den Berg, The explosion blast prediction model in the revised CPR 14E (Yellow Book), Process Safety Progress, 16(3), pp. 152-159, 2004.

10) A. J. Pierorazio, J. K. Thomas, Q. A. Baker and D. E. Ketchum, An update to the Baker-Strehlow-Tang vapor cloud explosion prediction methodology flame speed table, Process Safety Progress, 24(1), pp. 59-65, 2005.

5 | シミュレータによる評価事例

5.1　概要

　ここでは、市販の影響評価用シミュレータ（米国 SAFER Systems 社製 "TRACE™"）を用いた評価例[1) を 4 ケース紹介する．なお，ここで示す評価例は仮想のプロセスに対するものであり，実在プロセスに対するものでは無いことに注意されたい．

　TRACE™では，ガス・蒸気や粒子の大気拡散計算，火災時の熱放射影響および爆発時の爆風影響を算出することができる．また，地理情報システムのファイルをインポートすることにより，影響評価の結果を地図上に表示して，より詳細かつ視覚的に解析することも可能である．なお，大気拡散計算での放出源モデルには，下記の 6 種類が内蔵されている．

- ・定常（連続）排出モデル：ガスまたは気液混相
- ・スタック放出モデル：ガスのみ（スタックの有効高さを考慮）
- ・ジェット放出モデル：ガスまたは気液混相（放出口近傍での空気巻き込みも考慮）
- ・タンク漏洩モデル：ガス，液または気液混相
- ・配管漏洩モデル：同上
- ・非定常排出モデル：同上（時間によって段階的に流量が変化）

5.2　ケース 1：安全弁からのブタン放出

（1）想定

　対象機器：ブタンガスホルダ

　シナリオ：ガスホルダの圧力が何らかの要因で上昇し，安全弁が作動してブタンが大気へ緊急放出される．

　目　標　：放出されたブタンの可燃性混合気が地上に到達しないように，
　　　　　　大気放出口の必要高さを求める.

(2) 計算条件

　・放出条件

　放出ガス：ブタン 100%，放出高さ：10〜16 m（ケーススタディ），流
量：120,000 kg/hr，放出時間：10 秒，放出ガスの温度：5℃，放出配管
径（出口）：内径 200 mm

　・放出源モデル：ジェット放出（水平放出）

　・気象条件

　気温：25℃，風速：1.5 m/s，大気安定度：A（強不安定）

　・判定条件

　0.45 vol%が地上に到達しないこと（ブタンの爆発下限界濃度の 1/4 に相
当）

(3) 計算結果

　放出高さと地表でのブタン最大濃度（最大着地濃度）の関係を**表 5.1** に示
す. また，例として，放出高さを 12 m としたケースでのブタンの大気拡散
計算結果を**図 5.1** に示す. 放出位置が高くなるほど最大着地濃度は低くなっ
ていくが，目標値である 0.45 vol%を下回るためには，12 m 以上の放出高
さが必要であることがわかる.

　なお，本例では地上に対する影響のみに着目したが，実際には図 5.1 で示
すような爆発範囲の形成領域に，非防爆機器などの着火源が存在しないか確
認する必要もある.

表 5.1　放出高さと最大着地濃度の関係

放出高さ [m]	最大着地濃度 [vol%]
10	0.49
11	0.45
12	0.41
14	0.35
16	0.31

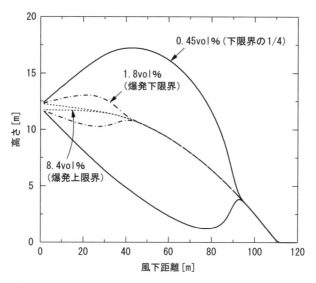

図5.1　高さ方向のブタン濃度分布（放出高さ＝12 m のケース）

5.3　ケース2：臭素タンクからの液漏洩

(1) 想定

対象機器：臭素の液体タンク

シナリオ：タンク本体に腐食等によってピンホールが発生して臭素が防液
堤内に漏洩し，蒸発によって大気に放出される.

目　　標：漏洩を検出後，防液堤内に水を投入して臭素の液表面を被覆
し，臭素の蒸発を抑制する対策を実施する（**図5.2**参照）. そ
こで，影響が敷地外に及ぼさないようにするためには何分以内
に対策処置を完了させる必要があるか検討する.

(2) 計算条件

・漏洩条件

タンク：直径1 m，長さ3 m（横型円筒），臭素保有量：5 000 kg，液温：
25℃，タンク内圧：大気圧，漏洩口の直径：2 mm，漏洩口の位置：タン
ク最下面，防液堤（半地下ピット）面積：20 m²，蒸発時間：20～60 min
（ケーススタディ）

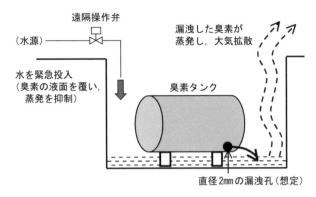

図5.2 ケース2の計算対象（イメージ）

・放出源モデル：タンク漏洩（およびプール蒸発）

・気象条件

気温：25℃，風速：1.5 m/s，大気安定度：D（中立）

・着目濃度

0.5 ppm：臭素の ERPG-2

・敷地境界までの距離：350 m

(3) 計算結果

　蒸発時間と地上での ERPG-2 到達距離の関係を**表5.2**に示す．また，例として，蒸発時間30分での着地濃度と距離の関係を**図5.3**に示す．蒸発時間が30分になると，ERPG-2 が敷地境界である350 m 先に到達することが分かる．したがって，漏洩開始から漏洩検出〜水投入〜表面被覆までの一連の処置の流れを，少なくとも30分で完了する必要がある．

　実際には，余裕を見てさらに短い時間で完了できるようにするのが望まし

表5.2　蒸発時間と ERPG-2 到達距離の関係

蒸発時間 [min]	ERPG-2 到達距離 [m]
20	310
25	330
30	350
60	480

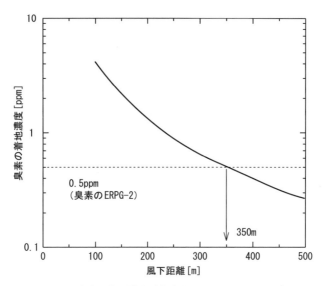

0.5ppm
（臭素のERPG-2）

350m

臭素の着地濃度 [ppm]

風下距離 [m]

図 5.3　臭素の着地濃度（蒸発時間＝30 min のケース）

い．そのために，漏洩の早期検出や投入水量の確保など，各段階での処置について検討し，全ての処置が所定の時間内に終わるよう，安全設計を行うことが必要となる．

　なお，時間的に余裕がある場合には，配替用の予備タンクを常設し，緊急時にタンク内容物や防液堤内に溜まった液を移送することで，漏洩量や蒸発量を低減することも有効な対策となる．

5.4　ケース3：ガス吸収塔からのアンモニア放出

（1）想定

　対象機器：アンモニアガス吸収塔

　シナリオ：排ガス中のアンモニア（2 vol%）を連続処理する吸収塔において（**図 5.4** 参照），充填層での偏流，閉塞や循環水不足等の要因で吸収能力が低下し，高い濃度のままアンモニアが大気中に放出される．

　目　標　：吸収能力が低下した場合には，予備の吸収塔に切り替えるが，地表面にアンモニア臭気による影響が生じないようにするため

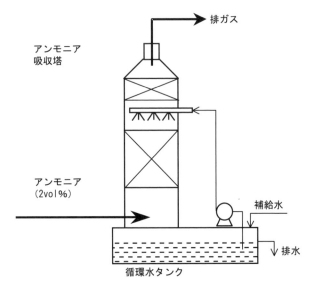

図5.4　ケース3の計算対象（イメージ）

　　　　　の，吸収塔切り替えの適切なタイミングについて検討する.

（2）計算条件

　・放出条件

吸収塔出口でのアンモニア濃度：0.03～2 vol%（ケーススタディ），

吸収塔出口での流量：300 kg/hr，放出口の高さ：20 m，放出部の直径：

300 mm，放出時間：（連続），出口でのガス温度：25℃

　・放出源モデル：ガス連続放出

　・気象条件

気温：25℃，風速：1.5 m/s，大気安定度：A（強不安定）

　・判定条件

悪臭防止法で定めるアンモニア臭気強度2.5（1 ppm）に対して，その10

倍の安全率を考慮して，濃度0.1 ppm のアンモニア拡散雲が地表面に到

達しないこと.

（3）計算結果

吸収塔出口でのアンモニア濃度と最大着地濃度の関係を**図5.5**に示す.　出

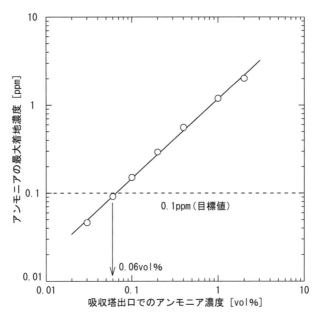

図5.5　アンモニアの吸収塔出口での濃度と最大着地濃度の関係

口でのアンモニア濃度にほぼ比例して最大着地濃度は大きくなり，出口アン
モニア濃度が0.06 vol%より大きくなると，地表面に目標値である0.2 ppm
が出現することが分かる．したがって，吸収塔出口でのアンモニア濃度が
0.06 vol%に上昇した時点で，予備の吸収塔へ切り替える必要がある．これ
は，処理ガスの濃度（2 vol%）に対して，吸収塔でのアンモニア吸収効率
が97%に相当する．

　なお，通常は吸収塔出口でのガス濃度を連続測定するケースは少ないこと
から，実際には，ガスの圧力損失や循環水タンクでの液面監視，循環水の
pH監視などの手段を用いて，吸収効率の低下を検出する．

5.5　ケース4：LPGフレアスタックからの熱放射強度

（1）想定

　対象機器：LPGフレアスタック

　シナリオ：プラント緊急時にLPGをフレアスタックで焼却処理する.

　目　標　：放射熱によって地上の作業者が影響を受けないようにするため
　　　　　　の，スタックの必要高さを求める.

（2）計算条件

　・放出条件

　LPG処理量：60 t/hr，スタック高さ：20〜50 m（ケーススタディ），ス
　タック出口の直径：400 mm，放出方向：鉛直上方，放出時間：1 min

　・気象条件

　気温：25℃，風速：2 m/s，湿度：50%，大気安定度：D（中立）

　・判定条件

　地表面に2.1 kW/m²以上の熱放射強度が出現しないこと.

　（2.1 kW/m²：暴露時間60秒で人体が熱による苦痛を感じる限界値）

（3）計算結果

　スタック高さと地表面での熱放射強度の最大値の関係を**表5.3**に示す. ま
た例として，スタック高さ20 mおよび40 mのケースでの，地表面での熱
放射強度と距離の関係を**図5.6**に示す. スタックが高くなるほど，地上での
熱放射強度は小さくなっていくが，目標値である2.1 kW/m²を下回るため
には，フレアスタックの高さを40 m以上とする必要があることが分かる.

表5.3　スタック高さと地表面上での熱放射強度
（最大値）の関係

スタック高さ [m]	熱放射強度 [kW/m²]
20	4.42
30	2.91
40	2.07
50	1.54

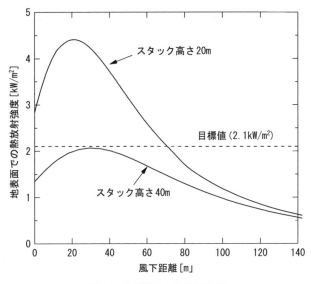

図 5.6　地表面での熱放射強度

なお，ここでは地上の人体への影響のみを評価対象とした例を紹介したが，例えば，スタックの周囲に樹脂製配管などの熱に弱い構造物が存在する場合は，それら構造物に対する熱放射の影響も評価する必要がある．

■　**第 5 章　参考文献**　■

1）宮田栄三郎：影響評価ツールを活用した安全対策の検討例，安全工学，44 巻，3 号（2005）p. 183-189

6 タンク火災・内容物拡散の シミュレーション

6.1 石油化学プラント災害の現状と影響度評価

6.1.1 石油化学プラント災害の現状

　わが国の工業を支える石油化学プラントは，32 都道府県 102 市町村において，一定量以上の石油または高圧ガスを大量に集積している 83 地区が石油コンビナート等特別防災区域に指定されている（平成 29 年 4 月時点）[1]．多くは海湾部に隣接して設置され，石油コンビナート等災害防止法の規制を受ける特定事業所は 679 事業所にも及ぶ．可燃性や毒性が高い物質が貯蔵された容器が密集している場合が多く，それらが流出し拡散することによる周辺地域への影響は大きい．そのため，安全が必須ではあるが，大なり小なり災害が絶えないのが現状である．

　2003 年には十勝沖地震時に原油タンク 1 基より火災が発生し，2 日後にナフサ貯蔵タンクにより火災が発生し 44 時間炎上した事例がある．法令に基づいた消防体制では鎮火が不可能であり，その後の法改正により大容量泡放射システムの配備が特定事業所に義務付けられた．また，2008 年には製鉄所内で，折れて落下したベルトコンベヤーがガス管を損傷して出荷し，コークス工場周辺に燃え広がった事例もある．高炉が緊急停止し，完全鎮火まで 1 週間を要した事例が生じている．さらに，2011 年に発生した東日本大震災では，広範囲にわたって危険物施設や高圧ガス施設が被害を受け，これまで経験したことがない LPG タンクの爆発火災，津波による石油類の大量流出や大規模火災が発生している．

　平成 28 年中に石油コンビナート等特別防災区域の特定事業所で発生した事故の総件数は 252 件で，その内訳は地震および津波による事故が 2 件，地震事故以外の事故（一般事故）が 250 件となっている[1]．250 件の内訳は火災が 48.0%，爆発 2.4%，漏えい 47.6%，その他 2.0% である．一般事故に

ついて平成元年は 46 件であったが，年々増加の傾向にあり，平成 18 年頃から年間 200 件以上の高い水準で推移している．一般事故の要因は，腐食劣化等の物理的要因が 54.8%，維持管理不十分などの人的要因が 40.8% となっている[1]．

6.1.2　プラント災害における影響度評価 ────────────■

　国内外の製造プラントにおいて，内容物の流出・拡散や，爆発・火災が多発していることから，安全性の再確認や防災設備の完備，防災計画の見直しの必要性が問われている．また，わが国では，住宅がプラントに近接していることが多く，安全対策や災害進展状況の把握を重要視しなければならない．既存の市街地においても，人口，諸機能の集中化が進行しており，貯蔵施設の安全性は重要課題の 1 つであるが，団塊世代の大量退職による技術伝承不足など雇用問題等と複合した問題も指摘されている．さらに，首都直下型地震・東南海地震に代表される大災害に備えて安全運営面から防災計画見直しが重要となる．

　日本では，こうした化学プラント災害に関する情報が少なく，災害対策も後手となっているのが現状である．また，プラントで発生する災害について，事前にアセスメントを行い，防災計画として役立てたいメーカー側・自治体側の意向もある．さらに，地震等が発生した後にプラントの災害（火災・爆発等）が生じた場合の災害推定が可能となれば，それに基づき，減災・緩和装置等の導入等の協議が促進されることになる．このような観点から，シミュレーション技術を用いた災害による影響度評価に対するニーズは高い．

　リスクは影響度を評価することにより，プラントの状態をマネジメントする他の指標と差別化されており，マネジメントの基準としても受け入れられている．特に，影響度の指標としては，漏洩物質の拡散や火災・爆発等による影響面積や，安全性としての指標，環境汚染に関わる指標や，経済性の指標等が挙げられる．

　影響面積を扱う場合，API 581[2] では気体拡散の場合，流体が放出地点から風下に楕円形に拡散するものと仮定し，その楕円の長径・短径を示すパラメータの算定について，流出物の種類に応じて一覧表で提示している．シ

ミュレータを用いた詳細な評価を提示しており，より厳密な影響度評価として，こうしたシミュレータの活用が望まれている．例として，EPA（Environmental Protection Agency）の ALOHA や，SAFER SYSTEM 社の TRACE，DNV Technica 社の PHA-ST，ESS（Environmental Software and Services）の XENVIS などがあげられる．

6.2　モンテカルロ法によるタンク火災のふく射熱評価

　石油化学産業における影響度評価について，既存の RBM 規格である API 581[2] では流体流出を源とし火災・爆発や有害物質の放出による影響範囲を評価している．特に，単純化された数式に基づく評価手法（Level I）に加えて，シミュレーションを用いた評価手法（Level II）も定義しており，影響度評価に際しシミュレーション技術の発展は不可欠であると考える．以下にシミュレーション技術としてタンク火災によるふく射熱評価を取り上げ，その研究事例を記述する．

6.2.1　従来の手法

　可燃性液体が流出した際に着火し，ある平面領域内で液面が燃焼を続ける火災現象としてプール火災がある．火災による熱被害は，火災中心から隔たった位置にある受熱面が被るふく射熱により評価できる．従来の方法としてわが国では，タンク火災によるふく射熱の評価手法として消防庁の防災アセスメント指針の手法[3] が多く用いられている．タンク火災の火炎形状は上部が黒煙と混じり合うため明確には定められないが，一般的には円筒形模型として扱われている．

　国外では，TNO（Netherlands Organization for Applied Scientific Research）による手法[4] があり，Safer System 社の TRACE など種々のソフトウェアにおいても適用されている．TNO では，危険物の漏洩により生じる種々の物理的影響評価をまとめ，通称 'Yellow Book' と称される計算モデルを編集している．Yellow Book では，風による火炎の傾斜を考慮したモデルが構築され，地表面における熱影響を評価している．

　石油コンビナート防災アセスメント指針による手法では，風の影響が評価

できず無風状態のみの評価に留まっている．また，地表面に危険物が流出した際には地表面から火炎が発生するプール火災となるが，浮き屋根式タンクから火災が発生した際には，タンク内の液面上部が火炎円筒底面となる．しかし，防災アセスメント指針による手法ではプール火災を想定し火炎底面を地表面に設定しており，タンク内での火災のように液面高さが火炎底面高さである場合には適用できない．

　一方，TNO の Yellow Book による手法では，風の影響が考慮されており，さらに，火炎底面高さが変わった場合にも適用可能である．しかし，プラント敷地内の凹凸や傾斜によるふく射熱の差異や，タンク火災と受熱面との間に，防油堤や隣接タンクなどの介在物が存在する場合の計算は困難である．

6.2.2 モンテカルロ法による評価手法

　上述の問題点を解決するため，吉田らの手法[5]を拡張し，地形や隣接構造物の影響も考慮した火災からのふく射熱をモンテカルロ法を用いて数値解析的に算出する手法が倉敷らにより考案されている[6],[7]．モンテカルロ法を用いた評価方法では，ふく射熱量を分割し独立した放射光子とみなし，光子の挙動について乱数を用いて多数回解析し，その蓄積された結果よりふく射熱到達率を得る．

　モンテカルロ法の利点は，タンク火災の形状や，介在物となるタンクや建屋の形状などの幾何条件の下で問題を忠実に解けることにある．これにより，風向により火炎形状が傾く場合や，ふく射受熱を遮断するタンク群や建屋等の影響も考慮が可能となる．

　モンテカルロ法による解析を行うには，評価点の数やモンテカルロ法の繰り返し数に応じた解析時間が必要となる．倉敷らは，あらかじめ代表的な条件に対して解析を行いデータベース化しておき，それ以外の条件の場合はデータベース上の結果から補間することでその問題を解決している．

6.2.3 タンク火災による影響面積評価のシミュレーション

　6.2.2の手法に基づき，タンク全面火災時における避難・誘導・消火活動や警防計画立案を支援するため，有風時の地上におけるふく射熱の計算ならびに熱影響範囲の表示を行うシミュレーションが開発されている[6]．シミュ

レーションの流れを以下に示す．まず，入力項目としては，タンク径，高さ，風速，油種（原油，ナフサ，灯油，軽油，重油などを選択可能），手法（モンテカルロ法，Yellow Book 法）について可能な限り扱いやすい入力形式とされている．火炎モデルについては，火炎底面はタンク高さとし，地上における任意地点でのふく射熱評価を可能としている．

図 6.1 に無風・有風下における適用事例を示す．タンク 1 基の火災モデル

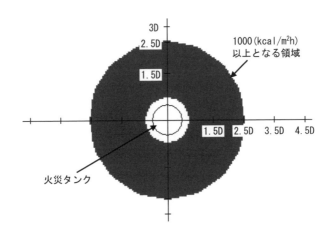

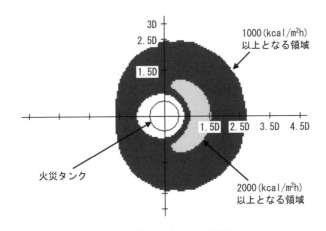

図 6.1　無風・有風での評価

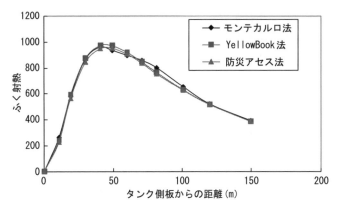

図6.2　苫小牧タンク火災（2003）でのふく射熱評価

を用いて，無風および有風下でのふく射熱評価を可能としている．

　タンク火災への適用例として，**図6.2**に本シミュレーションを用いて，苫小牧市でのナフサタンク（直径42.7 m）におけるタンク火災のふく射熱評価を行った結果を示す．いずれも解析は無風状態で行ったものである．

　また，ふく射熱はモンテカルロ法に加えて，Yellow Book法ならびに石油コンビナート防災アセスメント指針による手法での計算結果も併せて示す．図より，モンテカルロ法による手法は良い一致を示していることが判る．現在警防活動計画に使用している防災アセスメント指針による手法とも混用して，本手法を活用することが可能であることを示唆している．

6.3　FDSによるタンク火災の火炎挙動のシミュレーション

　上述では，既存の手法（消防庁防災アセスメント指針，TNO Yellow Book法）との比較を重点に考え，火災モデルについては同一条件（火炎の均一円筒が同一角度で傾斜）での評価を説明した．しかし，ふく射熱の放射は円筒で均一ではなく，火炎基部からの放射が大きい点が報告されている．また，火炎基部からの放射はタンク内の液面高さにも影響する．タンク内容物の液面高さが低下した際にふく射熱が増大するという指摘[8]がなされているが，円筒モデルでの既存の手法では液面高さの影響を評価することはでき

ない．また，タンク直径が大きくなると，燃焼により生じたエネルギーのうち熱放射に使われる割合である放射分率が低下することもわかっている．

こうした影響を考慮するには，タンク火災の火炎挙動について数値流体解析FDS（Fire Dynamics Simulator）を用いた評価が有効である．FDSを用いて，タンク形状およびタンク内容物の液面高さに着目し，タンク火災時の周囲への熱影響の評価も行われている[9),10)]．

FDSを用いてタンクの液面高さが火災に及ぼす影響を評価した例を**図6.3**に示す[9),10)]．まず，FDSを用いてタンク火災のシミュレーションを行い，タンク外周部での高さ方向のふく射熱分布を求める．タンク火災の周辺における広域でのふく射熱分布をFDSで評価する場合，解析範囲の増大やふく射熱評価点の増加などによって解析時間が膨大となる．そこで，FDSによるタンク火災の火炎近傍での評価結果を用いてタンク外周部でのふく射熱分布を求め，このふく射熱源から前述のモンテカルロ法を用いた倉敷の方法により広域でのふく射熱評価も行われている[10)]．

タンク内の液面高さが火災時のふく射熱に及ぼす影響を調査するために，液面高さを変更したモデルを作成し評価を行った例を示す．解析モデルは**図**

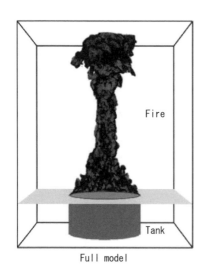

Full model　　　　　　　　　　　　　　Half model

図6.3 FDSによるタンク火災の火炎挙動解析の例

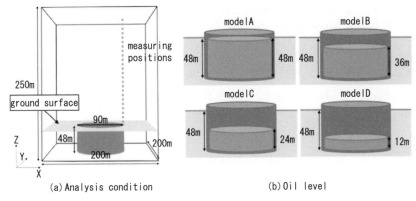

(a) Analysis condition (b) Oil level

図6.4　液面高さが異なる4種類の解析モデル

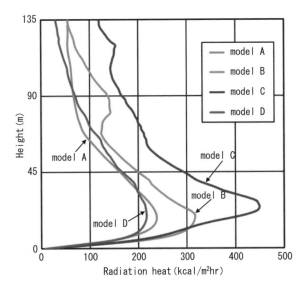

図6.5　液面高さが異なる4種類の解析モデル

6.4に示す通りである.

　解析結果として，タンク縁における高さ方向のふく射熱分布を図6.5に示
す．タンク内容物が最大まで充填されている状態であるmodel Aに対して，
model Bとmodel Cにおいてふく射熱の増大傾向が見られ，model Dにおけ

るふく射熱は model A と同程度を示す.

また,タンク内容物の液面高さにより,地表面でのふく射熱量は大きく異なる.消防庁防災アセスメント指針により示された露出人体に対するふく射熱影響の危険限界である 2050(kcal/m²hr)以上の領域を危険範囲とすると,model A において 136 m,model B において 160 m,model C において 191 m,model D において 135 m の結果を示す.液面高さが最大のモデルに比べて液面高さが半分のモデルでは 40%危険範囲が拡大しており,消防活動を行う上でも液面高さの影響は極めて大きいものと考える.

6.4 減災を考慮した拡散影響評価シミュレーション

6.4.1 従来の拡散影響の評価手法

化学プラントでは可燃性,爆発性,毒性の高い物質を貯蔵しており設備的な要因や自然災害により,漏洩拡散,火災などのリスクを有している.特に,火災・爆発は貯蔵物の漏洩・拡散が主原因となる.気体拡散の場合,影響面積は風向・風速等の気象条件の時間変化にも大きく影響を受けるため,事故が発生した際の避難誘導等において適切な判断・対応のためにも気体拡散における影響範囲の評価は重要である.

化学プラントでの危険物漏洩に伴う大気拡散について代表的な拡散モデルとしてはプルームモデル[11] が挙げられる.Fick の 3 次元拡散方程式を解析的に解き,気体が風下に流されながらガウス分布に従った濃度分布を示したモデルであり,式中の拡散係数は一定である条件を想定している.

拡散係数を一定ではなく,高度に比例して大きくなるものとして Fick の3 次元拡散方程式を解き,代入方程式の形式で提示したものとして坂上の式[12] がある.本式は高圧ガス保安協会によるコンビナート保安・防災技術指針[12] や,消防庁の石油コンビナートの防災・アセスメント指針[3] においても適用されている.本式を拡張し流出物の防液堤内での蒸発と滞留に関する物質収支を考慮し,流出・蒸発・拡散の各現象を連続した事項として扱う時間項を導入した経時的拡散濃度分布の評価手法も構築されている[13].さらに,本手法を基に風向・風速が時刻歴に変化する場合に対応した気体拡散

シミュレーションの開発も行っている[14]．

6.4.2　従来手法の拡張によるウォーターカーテンの減災効果の評価 ──■

　前述の API 581 では，安全装置や気体拡散の緩和装置を用いた場合の影響度について定量的な評価はされておらず，影響度評価の課題として残されている．この課題の解決として，減災を考慮したシミュレーションによる評価手法の確立が重要となる．そこで，減災設備を設置した際の影響領域の評価を目的とし，ウォーターカーテンによるウォッシュアウト効果を考慮した気体の拡散シミュレーション手法の構築が行われている[15]．地表面からの高さに応じたウォッシュアウト係数の算出手法を導出し，従来の気体拡散式に乗じることで，ウォーターカーテン通過直後の気体の濃度評価を可能としている．導出したウォッシュアウト係数算出手法を用いて，ウォーターカーテン直後の気体の濃度を算出し，それらを多数の点源と捉えなおして気体拡散を再計算することにより，広域における気体の濃度分布の評価が可能である．ウォーターカーテンのノズル数の増加に伴う拡散気体の影響範囲の低減を定量的に評価することも可能となる．

6.4.3　CFD を用いたウォーターカーテンの減災効果の評価 ──────■

　前述の手法では従来の気体拡散式に基づき簡易にウォーターカーテンの効果を評価する上では有用であるが，ウォーターカーテンの水滴による危険物質の吸収や危険物質の密度による拡散への影響は考慮されていない．また，危険物質の密度による拡散挙動の変化および水滴による危険物質の吸収を考慮したウォーターカーテンの効果を評価する手法[16] が提案されているが，時間的，空間的に水滴による危険物質の吸収率を仮定しているため，ウォーターカーテンの効果を厳密に評価することができない課題を有している．

　そこで，CFD（数値流体解析）を用いて，水滴による危険物質の吸収の考慮および被害範囲を低減するウォーターカーテンの効果を考慮した研究が行われている[17]．以下に，その研究例を概説する．

　ウォーターカーテンと気体の混相流を対象に，気液界面や質量，運動量の追跡手法が異なるモデルである VOF（Volume of fluid）モデルおよび二流体モデルを用いて拡散濃度の評価を行っている．水滴による吸収には気体吸収速度理論である二重境膜モデルおよび線形化モデルを用い，ウォーター

カーテンノズルの幾何モデルには水幕の形状に影響を与えるノズル角度が考慮されている.

風速 3.0 (m/s), アンモニアガスの漏洩速度 1.0 (m/s), ウォーターカーテンの流れを 5.0 (m/s) とし, 漏洩後, 3.0 (s) における気体拡散挙動 (アンモニアの体積分率) を**図 6.6** に示す.

図 6.6 (a) よりウォーターカーテンが無い場合, アンモニアは流出後速

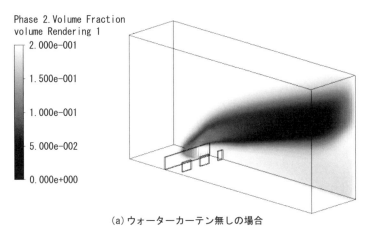

(a) ウォーターカーテン無しの場合

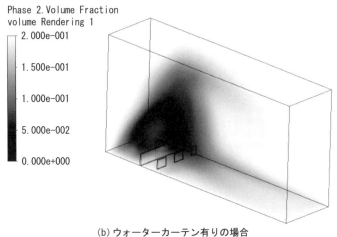

(b) ウォーターカーテン有りの場合

図 6.6 ウォーターカーテンの有無による気体拡散挙動の差異

やかに風下へと拡散し，風に流されつつ上方へ拡散する．一方，図6.6（b）に示すウォーターカーテンを考慮した場合では，ウォーターカーテンより風下側へのアンモニアの拡散が抑えられていることがわかる．

　石油化学プラント災害の現状と影響度評価を述べ，研究事例としてモンテカルロ法によるタンク火災のふく射熱評価，FDSによるタンク火災の火炎挙動シミュレーション，CFDによる減災を考慮した拡散影響評価シミュレーションについて概説した．今後も影響範囲の把握ならびに定量的評価を可能とするシミュレーションの進展により，効率的な対策決定や災害予防啓蒙などへの展望に繋がるものと考える．

■ 第6章　参考文献 ■

1) 総務省消防庁，平成29年版 消防白書，（2017）．
2) American petroleum institute, Risk-based Inspection Methodology, API Recommended practice 581, (2016).
3) 消防庁特殊災害室，石油コンビナートの防災アセスメント指針，（2013）．
4) TNO Committee for the Prevention of Disasters, Methods for the calculation of physical effects resulting from releases of hazardous materials, CPR-14E (2005).
5) 吉田美樹，河村祐治，瀬瀬満，モンテカルロ法によるタンク火災における熱放射到達率分布の解析，安全工学，vol.34, No.2, pp.94-101, (1995).
6) 倉敷哲生，上田裕之，山野井喜記，座古勝，モンテカルロ法によるタンク全面火災ふく射シミュレーションシステムの開発，安全工学，Vol.49, No.1, pp.20-27, (2010).
7) 小末祐輝，倉敷哲生，生和光朗，花木聡，座古勝，大規模タンク火災のふく射熱シミュレーションシステムに基づく安全性評価手法に関する研究，日本学術会議 構造物の安全性および信頼性（JCOSSAR2011論文集），Vol.7, pp.498-503, (2011).
8) Thomas Steinhaus, Stephen Welch, Richard Carvel, Jose L. Torero, Large-Scale Pool Fires, Thermal Science Journal, pp.5-6, (2007).
9) 椿野隆宜，倉敷哲生，石丸裕，花木宏修，向山和孝，生和光朗，大型原油タンク火災のふく射熱評価手法の構築，安全工学，Vol.54, No.2, pp.131-138, (2015).
10) 椿野隆宜，倉敷哲生，生和光朗，石丸裕，花木宏修，向山和孝，数値流体解析を用いた大型原油タンク火災のふく射熱評価，日本学術会議 構造物の安全性および信頼性（JCOSSAR2015論文集），Vol.8, pp.438-443, (2015).
11) Guidelines for Chemical Process Quantitative Risk Analysis, Second edition, CCPA-AIChE (Center for Chemical Process Safety-American Institute of Chemical Engineers), (2000).
12) 高圧ガス保安協会，コンビナート保安・技術指針，KHK E 007, (1974).
13) 倉敷哲生，座古勝，安武淑子，化学プラントの災害シミュレーション（貯蔵物の流出・蒸発・拡散を考慮した場合），材料，Vol.50, No.1, pp.40-46, (2001).
14) 文田成俊，倉敷哲生，中井啓晶，座古勝，風向・風速変動下での化学プラントの気体拡散シ

ミュレーションによる安全性評価，日本学術会議 構造物の安全性および信頼性（JCOS-SAR2007 論文集），Vol.6, pp.165-170, (2007).

15) 池田健人，倉敷哲生，リスク評価のためのウォーターカーテンを考慮した気体拡散シミュレーションに関する研究，材料，Vol.63, No.2, pp.125-130, (2014).

16) L. Phongnumkul, H. Ishimaru, T. Kurashiki, K. Hanaki, K. Mukoyama, CFD simulation of water curtain for gas dispersion, Proc. of International Symposium on Natural and Technological Risk Reduction at Large Industrial Parks, Japan, (2016).

17) 森涼，向山和孝，花木宏修，石丸裕，倉敷哲生，数値流体解析に基づくウォーターカーテンによる気体拡散の挙動評価，安全工学シンポジウム論文集，(2017).

第3部

影響度評価の応用と
意思決定

7 ライフサイクルメンテナンスと影響評価

7.1.1 メンテナンスにおけるライフサイクル視点の重要性 ───■

　我々の社会は，さまざまな設備機器によって支えられている．家庭，オフィス，店舗，工場などの個々の空間を支える設備機器から，電力，上下水道，交通，通信などのネットワークを支える設備機器まで，多種多様な設備機器が機能する中で日々の活動が可能になっている．これらの設備機器を健全な状態に維持し，それらの有する能力を最大限に発揮させるためには，適切なメンテナンスが欠かせない．わが国で進行する高齢化，労働人口の減少に対応するために，今後自動化，ロボット化が進むことを考えると，メンテナンスの負荷はますます増大することが考えられる．この結果，経験に基づく人手に頼ったメンテナンスでは，とても対応できなくなる．これからは，IoT 技術や診断技術などを活用し，合理的で効率的なメンテナンスを実現する必要がある．

　メンテナンスが必要な理由は，設備機器に劣化や故障が生じ実現機能が低下し，要求機能を満足できなくなることがあるからである．また，要求機能が上昇することで実現機能が不足してしまうこともある．前者の結果設備機器を使用中止する場合を耐用寿命，あるいは物理寿命などといい，後者の場合を，価値寿命，あるいは機能寿命などという．ここでは，主に前者の場合を考える．

　設備機器の構成要素の劣化・故障は，それらに加わるストレスの累積の結果として生じる．これらは，一般的には時定数が長い現象である．一方，設備機器は，その時々で必要とされる機能を提供することが要求されるので，ともするとメンテナンスが軽んじられる．このようなことを避け，適切なメンテナンスを実施していくためには，ライフサイクルの視点が必要である．

すなわち，その時々に設備機器に要求される機能が提供できるようにするためには，長期的な視点で設備機器を管理する必要がある．このような観点を強調したメンテナンス管理を，ライフサイクルメンテナンスと呼んでいる．

7.1.2　基本メンテナンス計画 ━━━━━━━━━━━━━━━━━━━━■

　設備機器をそのライフサイクルを通じて効率的に管理していくためには，まず，設備の各部に生じる劣化・故障モードを予測し，それらに対する適切なメンテナンス方式を設定し，それを効率的に実施することが必要である．このようなメンテナンス方式の設定をここでは基本メンテナンス計画と呼ぶ．

　基本メンテナンス計画では，処置の基準，タイミング・周期，処置方法を決定する．処置の基準とは，例えば部品交換等の処置を何に基づいて実施するかを決めることである．これは，基本的には，時間基準と状態基準に分けられる．時間基準とは，一定の時計時間が経ったら，あるいは，一定の稼働量に達したら，処置を実施するというものである．一方，状態基準は，対象部位の状態を観測し，その結果に基づいて処置を実施するか否かを判断するものである．また，タイミング・周期のうちの周期は，時間基準の場合は処置を行う時点を，状態基準の場合は検査／診断を行う時点を規定する．一方，タイミングとは，運転中，停止中，分解状態といった，処置や検査が行える状況を規定するものである．さらに，処置方法の決定では，実施する処置の内容を指定する．一般に，処置はその目的によって，劣化の回復（調整，修復，交換など），劣化進展の緩和（清掃，給油，運転条件の変更など），および劣化原因の除去（材料，構造の変更など）に分けることができる．

　基本メンテナンス計画においては，以上の，処置の基準，タイミング・周期，処置方法を，**図7.1**に示すように，技術的評価と管理的評価に基づいて決定する．前者では，設備構成要素ごとの劣化・故障モードを予測し，そのメカニズムと進展パターンあるいは生起分布を分析し，技術的に意味のある保全方式を選択する．これは，例えば，いつ起こるか分からない偶発型の故障に時間基準保全は無意味であり，また，前兆のない突発型の故障に状態基準保全は適用できないからである．

　一方，管理的評価では，劣化・故障の発生が及ぼす影響を評価する．影響については7.2で詳述するが，その評価においては，どのような影響項目を

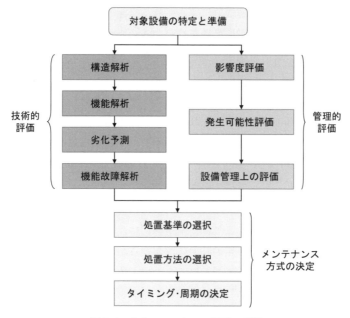

図7.1 基本メンテナンス計画の手順

考慮するかが問題となる．例えば，生産設備の場合であれば，人間，工程，設備，設置環境といった影響を受ける対象と，コスト，時間，品質などの影響の種類から影響項目を整理することができる．

　なお，影響項目ごとの評価尺度をコストなどで統一できない場合は，項目間の重みを設定する必要がある．さらに，管理的評価においては，劣化・故障の発生可能性を評価し，影響と掛け合わせることで期待影響すなわちリスクを算出する．

　基本メンテナンス計画においては，これらの技術的評価と管理的評価をそれぞれ行った上で，技術的評価により選択された技術的に意味のある方式の中から影響と発生可能性によって決まるリスクに応じてメンテナンス方式を選択する．

7.1.3　ライフサイクルメンテナンス管理のフレームワーク ────────■

　基本メンテナンス計画において，各劣化・故障モードに対してメンテナンス方式を設定したとしても，それらは将来発生する劣化・故障の予測に基づいたものである．したがって，実際に設備を運用してみると，予測したように劣化が進展しなかったり予測しなかった劣化・故障モードが発生したりすることがある．また，例えば生産設備であれば，製品のモデルチェンジなどにより想定した運転条件や環境条件が変わってしまうこともある．ライフサイクルを通じて適切なメンテナンスを実施していくためには，このような変化に柔軟に適応できる仕組みが必要である．

　図7.2はこのような変化に対応できるライフサイクルメンテナンス管理のフレームワークを示したものである．この図には，基本メンテナンス計画を中心とした3つの管理ループが示されている．

　最も内側のループ（図7.2の①）が，メンテナンス作業実施のためのループである．ここでは，基本メンテナンス計画で設定されたメンテナンス方式に基づいて検査・監視・診断および処置などのメンテナンス作業計画が立案され実施される．メンテナンス作業の結果は，メンテナンス計画時に想定された状況（劣化の進行速度や故障の発生形態など）に照らして評価され，結果が想定した状況の範囲内であれば，次のメンテナンス作業計画に移り，作業の実施・評価が繰り返される．

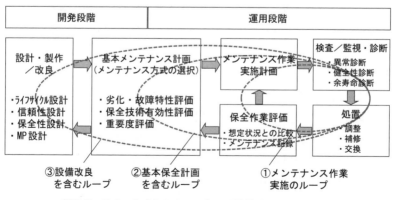

図7.2　ライフサイクルメンテナンス管理のフレームワーク

　評価の結果，想定した劣化・故障の発生状況と実際が異なっていたり，想定外の劣化・故障が発生していたりして，設定されているメンテナンス方式が妥当でないと判断された場合は，基本メンテナンス計画段階に戻り，運用段階で得られたデータを考慮して基本メンテナンス計画を改定し，再びメンテナンス作業実施のループに戻る．これが，メンテナンス管理の第2のループ（図7.2の②）である．

　一方，基本メンテナンス計画の中で，改良保全が適当と判断された場合には，左側の開発段階に戻って設備改良を行うのがメンテナンス管理の第3のループ（図7.2の③）である．

7.2　劣化・故障と影響カテゴリ[3)]

7.2.1　影響カテゴリ

　前節で述べたように，基本メンテナンス計画においてメンテナンス方式の決定に必要な管理的評価においては，劣化・故障の影響度評価が重要となる．一口に影響といってもさまざまなものが考えられる．これらは，影響を受ける対象の面から，**図7.3**に示すように a) 設備影響，b) 提供価値影響，c) 外部影響の3カテゴリに大別することができる．

　設備影響は，設備の劣化・故障に伴って必要となるメンテナンス活動に関するものであり，予防保全と事後保全の両方を含む．通常は，それらに必要な検査（モニタリング，診断を含む）や処置（補修，交換，調整，清掃など）の費用として計算される．また，予備品の在庫や補充などの費用も含まれる．

　提供価値影響は，設備を運用することによって得られる価値が，劣化・故障による設備の停止や能力低下によって減少する量として算出される．生産設備であれば，その停止や能力低下に伴って生じる生産損失として算出できる．一方，ビルの昇降機のようなサービス設備の場合は，設備の停止や能力低下による影響は利用者の利便性の低下として評価される．

　外部影響は，劣化・故障が設備以外の対象に及ぼす被害を意味する．例えば設備の劣化・故障が火災，爆発などの事故を引き起こし，人や，周囲の建

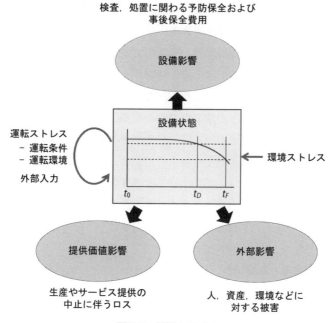

図7.3　影響カテゴリ

物や設備に被害を及ぼす場合などが考えられる．あるいは，エスカレータの
故障による急停止で乗客が転倒して怪我をするような場合もこれにあたる．
　これらの3つの影響カテゴリの中においても，さらにさまざまな影響の種
類が考えられる．ここでは，それらを影響項目と呼ぶ．影響項目を列挙する
ためには，前述のように影響を受ける対象と影響の種類の組合せを列挙する
と考えやすい．例えば，生産活動において，設備故障によって設備が停止す
るために生じる提供価値影響の項目を列挙することを考えてみる．影響を受
ける対象は，生産に必要な素材，部品，副資材等と生産される製品を考える
ことができる．また，影響の種類は，QCD（Quality, Cost, Delivery）の
観点から考えることができる．Cについては，前述の設備故障によって生産
できなかった製品数量を金額で評価した生産損失が対応する．Dの観点と
しては，納期遅れによる影響が対応し，また，Qについては，品質不良に
よる手直しロスや不良が市場に流出することによるブランド価値の低下など

が考えられる.

　各項目における影響の程度（影響度）は，各項目に対して定めた尺度で評価する. 例えば，価値影響の場合，生産損失であれば金額で評価するが，ビルや駅のエスカレータの停止は，停止時間とその間の見込み利用者数の積で評価するといった具合である. したがって，個々の影響項目に対して，適切な評価尺度を選択することが重要な課題となる. しかし，メンテナンス方式の選択のような意思決定のためには，影響項目ごとの評価値を並べただけでなく，それらを総合した影響度を出す必要がある. このためには，それぞれの影響項目が独立な場合は，影響項目ごとの評価値に重みをつけて和をとることが通常行われる. この場合，適切な重みを求めることは必ずしも容易ではないが，そのための手法としては，階層分析法（Analytic Hierarchy Process：AHP）[2) などがよく用いられる.

7.2.2　劣化進展と影響特性 ■

　メンテナンス方式を考える上では，前節で述べた影響度が劣化の程度とどのような関係にあるのかを把握しておくことが必要である. 例えば，価値影響の面からは，劣化の進行に伴い機能がどのように変化するかを把握しておく必要がある. 図7.4は，劣化と機能状態の関係を示した図である. 今，アイテム（設備機器およびその構成要素の総称）の初期状態が A にあるとし

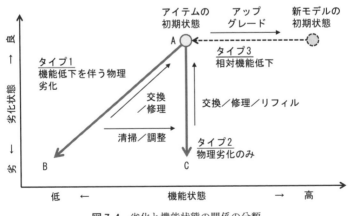

図7.4　劣化と機能状態の関係の分類

て，アイテムの使用に伴って劣化が進行する場合を考える．この場合，2つ
の場合が考えられる．1つは，例えば，工具のように，劣化の進行とともに
機能も低下し，アイテムの状態がBに向かって遷移する場合である．もう1
つは，例えばトナーカートリッジのように，劣化は進行しても（この場合は
トナーの残量が少なくなること），ある程度のところまでは機能に影響しな
い場合で，アイテムの状態はCに向かって遷移する．また，機能について
は，例えば，図中Dで示されるような新製品が出た場合は，相対的にアイ
テムの機能低下が生じると見做すことができる．

　一方，設備影響については，**図7.5**に示すように，処置費用と劣化の程度
との関係をステップ型，比例型，指数型の3タイプに整理することができ
る．ステップ型とは，劣化・故障に対する処置として交換が行われる場合
で，劣化度合いにかかわらず基本的に同一の費用がかかる．一方，トナーの
ような消耗品の補充の場合は，劣化度合いと修復の費用は基本的に比例関係
にあるので比例型と呼ぶことができる．また，劣化の度合いが進むとそれを
修復するための費用が指数関数的に増加する場合がある．コンクリート構造
物などがこの例にあたる．これは指数型と呼べる．

　一般に検査や処置をするために設備を停止・起動するだけで，費用が発生
する．図7.5では，これをオーバヘッドコストとして示している．例えば，

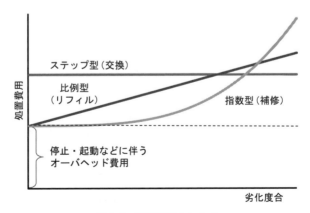

図7.5　処置費用のタイプ

加熱炉などは，停止しないことには処置を行えないが，停止，起動には長時間を要するため，大きなオーバヘッドになる．一方，自動車の組み立てラインのような場合は，不具合の発生に対して，直ちにラインを止めて処置を行えるので，オーバヘッドは小さい．

7.3　影響特性とメンテナンス管理方針

7.3.1　影響特性に応じたメンテナンス管理方針の選択 ─────■

　前節で述べたように，メンテナンス方式を選択する上ではさまざまな影響を考慮する必要があるが，各影響項目の特性は，設備やその運用の仕方によって変わる．このため，設備ごとに，主な影響カテゴリやその特性が異なり，それによって適切なメンテナンス管理の方針も変わってくる．以下では，影響特性に応じたメンテナンス管理方針の例として代表的なものを述べる．

7.3.2　運転とメンテナンス（O&M）─────────────■

　例えば生産設備のように，価値影響の重要性が高いにもかかわらず，メンテナンスに時間がかかったり，メンテナンス実施のための設備の停止・起動などのオーバヘッドが大きな場合は，運転とメンテナンスの間のトレードオフ関係を考慮する必要がある．この種の問題は，運転とメンテナンス〔O&M（Operation and Maintenance）と略称される〕の統合計画問題として議論されている．図7.6に示すように，両者の間には，スケジュール上の相互関係と設備状態上の相互関係が存在する．例えば，生産要求を満たすために，メンテナンスの時間を取らずに設備を運転し続けると，一時的には生産量は増加するが，十分な予防保全ができずに設備状態が悪化することで製造品の品質が低下し，ついには故障停止により生産要求を満たせないといったことが起こる可能性がある．一方，メンテナンスに時間を使いすぎると，設備は良好な状態に保つことができるが，その分運転時間が削られ，要求生産量や納期を満足できなくなる場合がある．したがって，運転に伴う設備状態の劣化と生産要求の両方を考慮して，設備影響（メンテナンス費用）と価値影響（生産損失）の和が最小になるようなメンテナンスの時期を決定する

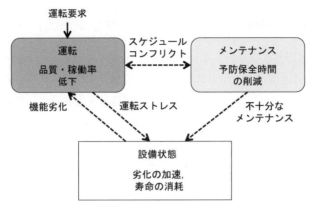

図7.6　運転とメンテナンス（O&M）

必要がある．このような問題は，設備停止・起動のためのオーバヘッドが大きな石油化学プラントや，半導体製造設備などで顕著になる．

7.3.3　ライフサイクルコスティング ──────────────■

　主な影響カテゴリが設備影響で，処置コストが劣化の程度によって指数関数的に増加するような設備においては，メンテナンスを適切な時期に行うことで，ライフサイクルコストを最適化することが重要である．このような設備の場合，劣化を放置しておくと，回復に多大な費用が掛かるようになり，ライフサイクルコストが膨らむ．一方，あまり頻繁に劣化回復のためのメンテナンス処置を施すと，オーバヘッドコストが大きくなる．したがって，ライフサイクルコストを最小化するようにメンテナンス時期を決めることが重要となる．

7.3.4　リスクマネジメント ──────────────■

　主な影響カテゴリが外部影響であり，例えば設備に発生し得る事象が甚大な損害をもたらすような場合は，リスクマネジメントが重要になる．リスクに基づき，発生可能性のある劣化・故障モードを優先度付けし，受容できないリスクを許容値以下に抑えるために，検査の強化や設備の改良などの対策を講じることが必要になる．

7.4　影響評価のためのライフサイクルシミュレーション

7.4.1　ライフサイクルシミュレーション ────────■

　ライフサイクルメンテナンスの目的は，設備ライフサイクルを通じて設備
の有する機能を最大限に発揮させる一方，累積影響度を最小化することであ
る．すでに述べたように設備はさまざまな要素から構成され，それぞれ異
なった劣化・故障特性を示すとともに，その影響も多様である．このよう
な，多様な事象やその影響を評価し，ライフサイクルにおける累積値を求め
ることは解析的には困難であるため，しばしばシミュレーションに基づいた
評価が用いられる．製品や設備のライフサイクルを評価するためのシミュ
レーションは，一般にライフサイクルシミュレーション〔Life Cycle Simula-
tion（略称：LCS）〕と呼ばれ，2 つのタイプに大別される[4]．

　1 つは，個々の製品や設備のライフサイクル中に起こり得るさまざまな事
象を模擬しその影響を評価するもので，メンテナンス方式の適否の評価など
に用いられるのはこのタイプのものである．もう 1 つは，循環型生産のため
のリユースやリサイクルの仕組みの適否の評価などに用いられるもので，あ
る期間に市場に提供される単一あるいは複数モデルの製品や部品が，時間の
経過とともに，製造，販売，使用，分解・再生，再製造などの各ライフサイ
クル段階をどのように経ていくのかをシミュレーションし，ある期間，ある
マーケット全体のニーズを満足させるための総コストや環境負荷を計算しよ
うというものである．

　製品や設備を構成する要素の振舞にせよ，マーケットに提供される個々の
製品や部品の振舞にせよ，いずれのタイプのライフサイクルシミュレーショ
ンにおいても，一つ一つは確率的に振る舞う対象が，ある管理方式に従って
管理されたときに全体としてどのように振る舞うかを評価しようというもの
である．このようなシミュレーションでは，モンテカルロシミュレーション
の手法がよく用いられる．例えば，メンテナンス方式の評価であれば，個々
の要素の故障分布に基づいて故障徴候検知や故障発生などの事象を生起さ
せ，それらの対応に関わる影響を累積していく．このようなシミュレーショ
ンを数多く繰り返し，結果を平均することで，設定したメンテナンス方式に

おける期待影響度を評価することができる.

7.4.2　評価事例—重油直接脱硫装置の O&M[5] ━━━━━━━━■

　重油直接脱硫装置は，水素と触媒を加え高温・高圧下で分解・脱硫を行うことで，重油中の硫黄分を低下させる石油精製プラントで用いられる装置である.　総運転時間の増加に伴い，加熱炉の加熱管内壁にコークが堆積し断熱作用をもたらすとともに，反応炉の触媒の効力が低下し製品の収率が下がる.　このため，収率を一定に保つためにはコーク堆積と触媒効力低下に応じて，加熱炉の燃焼温度を上昇させる必要がある.　しかし，加熱管を高温下に長時間置くとクリープ劣化が加速し最終的には破断に至る.　また，高温下では炭化水素ガスが加熱管の内壁を侵食し，メタルダスティングによる減肉が進行する.　このため，加熱管に付着したコークを除去するデコーキングや反応炉の触媒交換を，定期的に装置を停止して行う必要がある.　さらに，クリープまたはメタルダスティングの進行が限界値を超えた場合は加熱管の交換が必要となる.

　この装置の主な劣化・故障モードを**表7.1**に示す.　一般に，劣化・故障

表7.1　劣化・故障特性のモデル化

劣化モード	ワイブルパラメータ		適用保全方式	管理状態量	処理	検査可能タイミング	処置可能タイミング
	形状	尺度					
触媒効力の低下	—	—	時間基準	生産量	交換	—	運転停止時
コーキング	—	—	状態基準	コーク堆積量	補修	運転停止時	運転停止時
高温クリープ	—	—	時間基準	寿命消費率	交換	運転停止時	運転停止時
メタルダスティング	—	—	状態基準	管の減肉率	交換	運転停止時	運転停止時
レンガの脱落	12	40	状態基準	レンガの傾度	補修	運転停止時	運転停止時
バーナータイル破損	14	30	時間基準	総運転時間	補修	—	運転停止時
バーナーチップ詰まり	10	24	時間基準	総運転時間	交換	—	常時

モードの特性は，劣化進展モデルか発生分布で表現するが，この事例の場合
は，触媒効力の低下，加熱管のコーキングと高温クリープについては，劣化
進展モデルにより，また，炉内耐火レンガの脱落，バーナタイルの破損，
バーナチップの詰まりについては，発生分布により表現するものとした．後
者についてはワイブル分布を適用し，過去の発生記録に基づき累積ハザード
法によりパラメータを推定した．

　一方，劣化進展モデルについては，触媒効力の低下に関しては，実データ
を基に，最初は一定の劣化速度で進行し，運転時間が300日を超えた頃から
劣化速度が速くなるように設定した．コーキングによる断熱作用とメタルダ
スティングについては，累積処理量に比例して進行すると仮定した．加熱管
のクリープ劣化の進行は，Manson-Haferd の式に基づいて推定した[6]．触
媒効力の低下やコーキングに対して，収率を確保するためには，加熱管の表
面温度を上昇させる必要がある．各時点の加熱管の応力と温度からその運転
条件下での加熱管の寿命を推定し，単位時間当たりの寿命消費率を求め，そ
れを累積することで，異なる条件下で使用した場合のクリープ劣化の進行を
評価した．また，クリープ寿命のばらつきは正規分布に従うと仮定し，寿命
消費率に対応した破断確率を求めた．加熱管の材質は SUS347 を想定し，物
質材料研究機構のデータを用いて Manson-Haferd 式のパラメータを推定し
た[7]．

　以上の劣化・故障モデルを基に，ライフサイクルシミュレーションにより
O&M 計画の評価を行った．考慮した影響項目を図7.7に示す．シミュレー

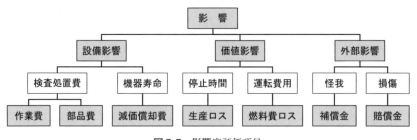

図7.7　影響度評価項目

ションでは，デコーキングなどの事象の発生ごとに，対応する影響項目の影響度を累積していった．各劣化・故障モードに対するメンテナンス方式は，現行の方式に従い表7.1に示した通りとした．ただし，予防保全方式をとったとしても，事後保全になってしまう場合があるが，その場合は，事後保全影響度を加算した．基本的には，触媒効力の低下による収率の悪化を回復するために，一定周期でシャットダウンメンテナンス（SDM）を実施し，触媒交換を含め，デコーキング以外の全てのメンテナンスを実施することとした．ただし，デコーキングについては，加熱管の破断が破局的な影響をもたらすために，実施の要否を毎期判断し，SDM期間以外でも必要に応じて実施するものとした．また，破断確率が0.0001［／月］を超えた場合は直ちに加熱管を交換するものとした．

評価期間は800期とし（1期は1ヵ月を想定），SDM周期を10〜21期，時間基準保全周期を8〜35期の間で変化させ，シミュレーションを実行した．なお，稼働率は75〜100％の間で毎期設定し，各期の生産損失と予測さ

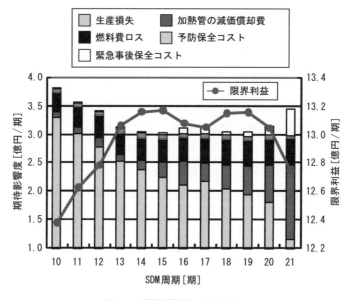

図7.8 期待影響度，限界利益

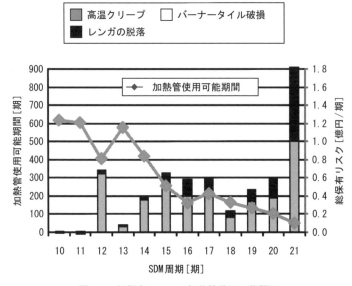

図7.9　総保有リスク，加熱管使用可能期間

れる設備消耗量を評価して最もロスが少ない値を選択するものとした．モン
テカルロシミュレーションの繰り返し数は1000回とし，それらの平均をシ
ミュレーション結果とした．

　図7.8，7.9にシミュレーション結果を示す．図7.8に示すように，今回
の条件設定ではロスの大部分を生産損失と加熱管の減価償却費が占めてお
り，SDM周期15期において期待影響度は最少となり限界利益が最大値を
取る．また，図7.9に示すようにSDM周期が長くなるにつれて総保有リス
クは増加し，加熱管の使用可能期間は減少する．さらに，両図より総保有リ
スクと緊急事後保全コストの相関が読み取れる．これより，適切なメンテナ
ンス計画を定めることで保有リスクと緊急事後保全コストを抑え，限界利益
を向上させることができると言える．

■　第7章　参考文献　■

1) 髙田祥三，LCCを最適化する論理的・合理的設備管理，ライフサイクル・メンテナンス，

JIPM ソリューション，2006.

2）木下栄蔵，入門 AHP，日科技連出版社，2000.

3）Takata, S., A General Maintenance Framework for Utilizing Different Sector Maintenance Technologies, Proc. of World Engineering Conference and Convention, Nov. 29-Dec. 2, 2015, OS4-6-5.

4）髙田祥三，製品ライフサイクルのシミュレーション，計測と制御，Vol.43，No.5，2004，395-400.

5）Tsutsui, M., Takata, S., Life Cycle Maintenance Planning Method in Consideration of Operation and Maintenance Integration, Production Planning & Control：The Management of Operations, 23：2-3, 2012, 183-193.

6）Manson, S. S., Haferd, A. M., A Linear Time-Temperature Relation for Extrapolation of Creep and Stress-Rupture Data, NASA-TN-2890, 1953.

7）独立行政法人 物質材料研究機構，クリープ試験材金属組織データベース，http://www.nims.go.jp/jpn/.

8 通信分野での事例

8.1　はじめに

　2011年3月11日，東日本大震災が発生した．まさに未曾有の大災害であった．日常，繋がってあたり前の「電話」が繋がらなくなり，「ネット」で何とか望みを繋いだものの，通信装置電力源の喪失に続き，非常用バッテリーの枯渇に伴い，不通がピークを迎えた．情報通信技術（ICT：Information Communication Technology）の重要性が再認識され，改めて，水道・電気・ガスといったライフラインの1つに加えられるようになったと思われる[1]．

　災害時，日常時を問わず，ICTサービスを含めた社会インフラ（上記ライフラインなど）系サービスは，故障発生時の社会的影響度が大きい．もちろん，元より高信頼化が図られており，故障によって被る社会的影響は低く抑えられている[2~4]．ただし，信頼性とコストはバランスの産物であり，言うまでもなく，故障を起こし難いインフラ系サービスが適正な価格で提供できなければ現実的ではない．

　そこで，1つの尺度として，被害・影響度について定量的に共有できる技術が求められる．社会的影響を測る尺度には，万人に共通する明確な定義がなく，その重要性は認識されているものの，ICTサービス全般に適用可能な方法に対する十分な検討は始まったところである．

8.2　評価事例

　例えば，代表的ICT事業会社であるNTT東日本では，3万ユーザ，2時間規模の故障をA級として監督官庁である総務省への報告義務とするなど，社会影響度についてのある基準を設けて，社会的説明責任を果たしている[5]．その他，光通信サービスメニューに応じた「サービス品質保証制度」

（SLA）により，影響度の客観化を整えている[6]．

　NTT研究所においては，通信ネットワーク故障による社会的影響度分析法の研究が行われている[7,8]．また，RBI/RBM手法を含む既存のリスク評価関連規格などを基に，通信設備の影響度算出方法の提案がなされているほか[9]，この提案手法による影響度の算出と設備の点検データを用いた故障発生確率の推定による，通信設備のリスク評価方法の検討がなされている[10]．

　以下に，それぞれの影響度評価事例について説明する．

8.2.1　SLA（サービス品質保証制度）

　一例として，NTT東日本におけるビジネスネットワークサービスご利用顧客に対して，回線の品質が維持できなかった場合の料金返還を保障する制度を挙げる．

故障回復時間SLA

　お客様の責任によらない理由（地震や風水害等の災害を含む．また，NTT東日本収容ビル内装置等のメンテナンスによるサービスの一時中断で，お客様に予めお知らせした場合を除く）によってネットワークサービスが全く利用できない状態となり，所定の時間内にその故障が回復しない場合，故障回復時間に応じた一定率の料金を返還する．

遅延時間SLA

　遅延時間の月間平均値が基準値（県内10ミリ秒以下，県間35ミリ秒以下）を超えた場合，対象サービスをご契約のお客様に対して，県内の場合は返還対象料金（月額）の3%，県間の場合は10%の料金を返還する．

稼働率SLA

　お客様の責任によらない理由（地震や風水害等の災害を含む．また，NTT東日本収容ビル内装置等のメンテナンスによるサービスの一時中断で，お客様に予めお知らせした場合を除く）によって，全く利用できない状態または同程度の状態が発生し，ビジネスイーサの月間稼働率（99.99%）を基準としたサービス品質を維持できなかった場合に，月間稼働率に応じて，ビジネスイーサの返還対象料金（月額）に対する一定率の料金を返還する．

8.2.2　通信ネットワーク故障による社会的影響度分析法

　ここでは新たな尺度として，通信トラヒックの日内変動を考慮した重み付

き影響規模，並びに重み付きユーザ申告件数を導入し，通信サービス故障に
よる社会的影響を分析する手法が提案されている．

　一般的に，社会的影響が大きい通信ネットワーク故障は報道の対象となる
可能性が高く，その報道内容の具体的項目は主に以下のものである．

　　・サービス停止時間（故障発生日時と回復日時）

　　・サービス種別

　　・影響規模

　　・原因

　　・ユーザからの申告件数

これらの項目を用いて定量的に社会的影響を測定することで，通信ネット
ワークの設計から保守運用に至るフローの中で，社会的に大きな影響を及ぼ
す故障の発生を抑制する施策の立案や展開が可能となる．

　平成 4 年度〜15 年度の，ある通信サービスの大規模故障データを用いた
分析の結果，特に報道有無の情報を用いることで，社会的影響の大きい故障
ほど報道される可能性が高まることを明らかにし，報道有無に関する信頼性
限界点（ユーザから見たサービスに対する信頼性の下限，サービス提供者か
ら見た社会的信用を低下させない影響規模の上限を表す）から故障による影
響規模と申告件数の関係を定量化した．これにより，ユーザと通信サービス
提供者の双方に対してバランスのとれたネットワーク信頼性の確保が可能と
なる．

8.2.3　通信設備のリスク評価のための影響度算出方法の提案 ─────■

　本提案では，広域に分散設置されている通信設備（例えば，屋外設備）に
ついて，地域特性を反映した影響度評価が可能となる方法が提案されてい
る．主な内容は以下のとおりである．

　評価指標の決定

　リスク評価関連の既存規格などを参考にして，安全・健康，経済，環境の
3 項目を影響度評価に用いる大項目として設定している．さらに，影響を受
ける主体の違いを考慮して社内／外で評価を分け，通信設備の影響度評価指
標を決定する（**表 8.1**）．

表8.1　通信設備の影響度評価指標

評価項目	範囲	評価指標
安全・健康	社内	関係者の死傷
	社外	関係者以外の死傷
経済	社内	復旧費用
		機会損失
	社外	賠償（物損）
		賠償（契約賠償金）
環境	—	環境ダメージ

評価指標の定式化

　結果を直感的に把握しやすいよう，各指標はコスト（金額）換算で算出できるように定式化し，各指標の総和で総合影響度を算出する．必要に応じて，指標の取捨選択，重みづけ，個別評価を行うことが可能である．

影響度評価モデルの構築

　具体的な影響度評価で必要となる，評価対象設備・評価対象とする故障・影響範囲・被影響事物の関係性を定義する「影響度評価モデル」を，屋外通信設備の一つである鋼管柱（地上に架設されたケーブル等を支持する，柱状の鋼管製構造物）の折損を想定して構築している（図8.1）．この評価モデルは，鋼管柱の高さを半径とする円内を影響範囲とし，影響を及ぼす対象を人，建物，車両，機会損失（通信故障）として構成している．

ケーススタディの実施

　影響度評価モデルに基づき，鋼管柱の折損を想定したケーススタディを実

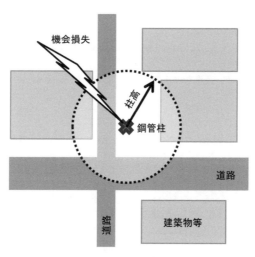

図8.1　鋼管柱の影響度評価モデル

施している．本条件では，プラント設備の評価で想定される毒性物質の広範
囲への漏洩などは考えられず，自然物の損壊は想定できない，あるいは非常
に小さいと考えられるため，環境影響に関する評価指標を除外している．

　ケーススタディの結果，関東地域のような人口・交通量・建物といった都
市機能の集積エリアにおける影響度が大きく，都市機能の偏在性を反映して
いることが確認された．

8.3　おわりに

　社会的影響度を経済的保証という側面で捉え，1つの現実解としている
ICT事業会社の取り組み，またトラフィックというネットワークの定量的
側面から影響度を評価する理論的取り組み，さらに，RBI/RBM手法をICT
分野に応用した新たな取り組みを紹介した．

■　第8章　参考文献　■

1) 京大・NTTリジリエンス共同研究グループ：「しなやかな社会への試練」，日経BPコンサル
ティング（2012）
2) 澤田孝・竹下幸俊・齋藤博之・東康弘・阪田晴三・半田隆夫：電気通信用構造物設備の環境適
合と高信頼化の取り組み，NTT技術ジャーナル，21，8(2009) p.27-31.
3) 半田隆夫・齋藤博之・澤田孝・渡辺正満：通信設備における電気・電子部品の腐食事例，材料
試験技術，56，3(2011) p.116-124.
4) 半田隆夫・松本守彦・澤田孝：産業分野別にみた防錆技術ライフライン・通信，防錆管理，
59，10(2015) p.401-412.
5) 例えば，NTT東日本「情報webステーション」：https://www.ntt-east.co.jp/info-st/index.
html
6) SLA（サービス品質保証制度）：http://www.ntt-east.co.jp/business/service/sla/?link_id=
bdlink
7) 船越裕介・松川達哉・渡邉均：通信ネットワーク故障による社会的影響度分析法，電子情報通
信学会論文誌，J90-B，4(2007) p.370-381.
8) 中西靖人・唐澤秀一・船越裕介・松林泰則：通信サービス途絶による経済被害額評価法の検
討，電子情報通信学会技術研究報告　信学技報，112，392(2013) p.105-110.
9) 張曉曦・外間正浩・杉山聡・澤田孝：RBI/RBMを適用した通信設備の保守管理における設備
故障の影響評価方法の提案，日本設備管理学会誌，28，4(2017) p.137-146.
10) 外間正浩・杉山聡・澤田孝：通信設備におけるリスク評価方法の検討事例，化学工学，81，2
(2017) p.72-74.

9 産業界のリスクマネジメントと保険の課題

9.1 リスクとリスクマネジメント

　そもそもリスクという言葉の響きはネガティブな印象を与えるが，産業界でリスクのないビジネスはない．さらに言ってしまえば，ビジネスにおける利益は，リスクと引き換えに得ていると言ってもよい．したがって，ビジネスを行う上で，自ら抱えているリスクとリスクの頻度，そしてリスクが顕在化した際の大きさ（金額に換算していくらか）が，自らの期待利益とバランスしているか常に考慮，管理し，さらにリスクを可能な限り制御あるいは外部へ転嫁することがリスクマネジメントの目的である．

　　リスク＞利益：ビジネス成り立たず

　　リスク＝利益：リスクマネジメント，リスク転嫁の検討

　　リスク＜利益：ビジネス成立

　後述するが，リスクマネジメント＝保険と思われがちだが，これは誤りである．保険はあくまでリスクマネジメントの一環であるリスクファイナンスの一手法でしかない．ただ保険は使い方によっては簡便で有効なリスク転嫁手法であることは間違いない．

9.2 リスクの分類

　一言でリスクと言っても，さまざまな種類がある．リスクの分類はいろいろ考案されているが，ここではリスクを4つのカテゴリーに分類，すなわち，戦略リスク，オペレーショナルリスク，ハザードリスク，そして財務・金融リスクにわけてみる．

　図9.1 がリスクレーダーと呼ばれているものの一例である．リスクは通常，単独の事象による直接的被害にとどまらず，別のリスク発生の引き金と

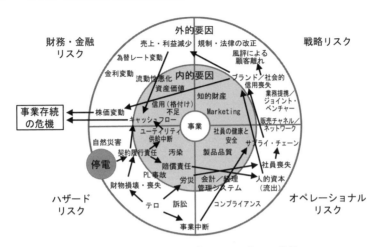

図9.1 リスクレーダーとリスクのドミノ効果

なる．これはリスクのドミノ効果と呼ばれている．

リスクのドミノ効果とは一度リスクが顕在化すると，波及効果的にリスク
が広がっていくことをいう．例えば，停電が発生（ハザードリスク）する
と，生産設備が停止し，予定通りの生産や納入ができなくなり，企業の財務
に影響を与えたり，顧客やマーケットの信頼を失うことも発生する．

リスクのドミノ効果は，全てのリスクが瞬時に発生する場合と，ある時間
をかけて発生していくリスクがある．リスクは時間によっても変化してい
く．

時間経過による外部あるいは内部変化によっても事業が受けるリスクの種
類も大きさも変化していく．法令，税制，環境基準，経済状況をはじめ，戦
争，テロ，政権交代によるポリティカルリスクなどの外部環境の変化によっ
ても事業が受けるリスクとリスクの影響度が変化していく．変化していくリ
スクに対しては，固定的なリスクマネジメントでは対応できない．すなわち
常に事業を取り巻くリスクを管理し，さらに事業自体の内部のリスク変化に
も目を配って，継続的なリスクマネジメントを行う必要がある．

9.3　リスク転嫁手法の検討

　ここまで，事業を取り巻くリスクは4つに分類され，一度リスクが顕在化すると，波及的に他のリスクが顕在化すること，そしてリスクは内部環境や外部環境の時間的変化により変化することをみてきた．リスクマネジメントは，常に事業を取り巻くリスクとその変化を管理し，リスクがどのような頻度で顕在化し，また一度顕在化すると，どのような影響と経済的損失が発生するか可能な限りシュミレーションする．さらに各々のリスクをどのように処理するかあらかじめ検討しておくことである．リスクの処理は，リスクの発生頻度と影響度（ここでは経済的損失として可能な限り金銭に換算すること）により検討する（**図9.2**）．

　リスクの発生頻度と影響度の規準は事業やビジネス規模により適宜定め，これに各リスクをプロットしていく．例えば，50年に1度起こるであろう事象を頻度小，5年に1度を中，毎年起こることを大，1億円以上の損害を影響度大，1,000万円以上の損害を影響度中，1,000万円未満の損害を影響度小のように規準を決める．プロットは必ずしも1次元の点とは限らず，2

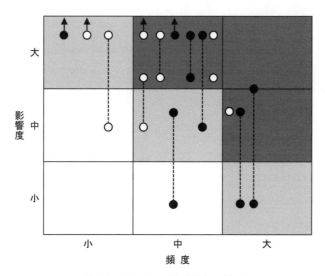

図9.2　リスクの発生頻度と影響度

次元の線になることも，あるいは3次元の範囲になることもあり得る.

　このようにリスクをプロットして整理すると同時に，リスクの発生頻度と影響度の範囲によって，リスクの処理の方針を決める. リスクの処理の方針を決める上で基本となることは，**図9.3**に示す通りである.

　リスクの処理の方針を決める上で考慮すべきは，発生頻度と影響度を掛け合わせたときの一定期間の損失期待値である. 企業経営においては，決算書にどの程度影響を与えるかを念頭におく. 究極的には上場企業の場合，株価への影響や株主に対する配当を考慮すべきである. この場合，基本方針は下記の通りになるであろう.

・発生頻度　大/影響度　大
　　⇒　そもそもビジネスとして適切か要検討
・発生頻度　大/影響度　小
　　⇒　ハードあるいはソフト的な対応をした上で損害をコストとして年間
　　　　予算化
・発生頻度　小/影響度　大

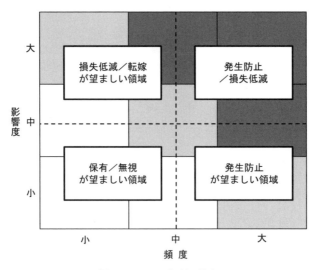

図9.3　リスク処理の基本

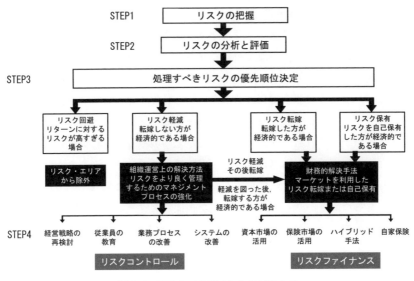

図9.4 リスクマネジメントのプロセス

　⇒　保険などのリスク外部転嫁
・発生頻度 小/影響度 小
　⇒　無視

　このように整理していくと，どのリスクを優先的に処理していくべきか自ずと見えてくる.
　以上のプロセスをまとめたのが**図9.4**である.

9.4　リスクマネジメントと保険

　前項まででリスクマネジメントのプロセスをみてきた. この中でリスクの発生頻度が低いが，リスクの影響度が大きいものに対しては保険をはじめとするリスクの外部転嫁がリスクの処理として適当であることを述べた. ここからは，プラントに関わる保険に焦点をあてて考察していく.

9.4.1 保険の基本担保要件

　前にも述べたが，リスクマネジメント＝保険と思われがちだが，実は保険がリスク転嫁手段として得意で有効なリスク（リスク転嫁コストの保険料が安価で適切かつ安定的）は，図9.1のハザードリスクである．もちろん，特殊なカバー（多くの場合は保険料も高い）を付保することにより，保険の担保範囲をオペレーショナルリスクや財務・金融リスクまで広げていくことは可能であるが，それもリスクレーダーの左上の戦略リスクに向かって行くほど，保険の守備範囲から外れていく．保険は多くのデータがあり大数の法則が成り立ち，統計学的手法で損害率を計算できる事象に対して引受けを行うものであるため，ハザードリスクが主な担保リスクとなってくる．ハザードリスクの中でも，保険が適切かどうか考える上で参考になるのが，下記の3つの基本担保要件である．

急激かつ偶然，外来

　事故の際にも，既存の保険でカバーされるかどうかも，事故原因が急激かつ偶然，外来の事故か考えると，おおよその見当をつけることができる．事故原因がこの3つの基本担保要件のうち1つなり2つが満たされなかったり，あるいは明確でない場合は，保険で担保されるかどうかグレーであり，保険求償が容易ではないことが予想される．

　保険種目の中には，例えばプラントの電気的・機械的事故を担保する機械保険のように基本担保要件の「外来」の要件をはずしたものもある．ただし，このような保険でも，過去の統計データを基に保険条件が決められ料率が算出されている．

　また，3つの基本担保要件が成立し，過去の統計データを利用できるものでも，1つの事故の大きさが巨大になったり，あるいは事故査定が難しい対象に対しては保険会社は引受けしない，あるいは担保範囲を絞ったり，保険料率を上げたりすることがある．一般的には，「高温のもの」，「早く回るもの」，「水に接するもの」，「地中のもの」，「水中のもの」などは，引受けに慎重である．

さらに，「新技術」が採用されたものに対する保険の引受けは慎重であり，引受拒絶や引受条件が絞られていることが多い．

9.4.2 プラントの保険 ────────────────────■

保険業界には多種多様な保険があるが，ここではプラントに関わる一般的な保険に絞って紹介する．

(1) プラント建設中の保険

①賠償責任保険

1) 総合賠償責任保険（Commercial General Liability）
   工事に関わる法律上の賠償責任を幅広く担保する保険．施設管理者賠償保険，請負業者賠償責任保険を基本として，生産物賠償責任保険（Product Liability），環境賠償責任保険（Sudden & Accidental Environmental Liability），使用者賠償責任（Employer's Liability）などのカバーも適宜追加できる．

2) 生産物賠償責任保険（Product Liability & Completed Operation）
   工事の対象物や作業の結果に欠陥や瑕疵があり，欠陥が原因で第三者の身体傷害あるいは第三者の物的損害が発生した際の法律上の賠償責任を担保する保険．1) の総合賠償責任保険に追加で引受けることもある．

3) 専門職賠償責任保険（Professional Indemnity）
   設計業務などの専門職として行った業務の欠陥や瑕疵を原因として，第三者に経済的損害を与えた際の法律上賠償責任を担保する保険．引受保険会社は限られ，引受基準も厳しい．

4) 環境賠償責任保険（Environmental Liability）
   急激かつ突発的に起こる環境賠償責任（Sudden & Accidental Environmental Liability〜例えば，プラントの建設サイトで危険物を積載したトラックが荷崩れを起こし，危険物が土壌汚染を起こしたケース）と，徐々に進行する環境賠償責任（Gradual Environmental Liability〜例えば建設サイトに置いておいた危険物のタンクの底が腐食して徐々に危険物が流れて土壌汚染を起こしたケース）の2種類のカバーが用意されている．急激かつ突発的に起こる環境賠償責任（Sudden & Ac-

cidental Environmental Liability）は通常 1）の総合賠償責任保険の追
加特約でカバーさせるのが一般的．徐々に進行する環境賠償責任
（Gradual Environmental Liability）は単独保険証券で引受け，急激か
つ突発的に起こる環境賠償責任（Sudden & Accidental Environmental
Liability）も含まれているのが一般的である．

5）使用者賠償責任保険（Employer's Liability）
被雇用者が労災事故などによって傷害を負ったケースで雇用者の法律
上の賠償責任を担保する保険．例えば，現場が危険な状態を承知で被
雇用者に作業をさせた結果，事故が発生して被雇用者が傷害を負った
ケースは，被雇用者の治療費や仕事ができないことによる賃金の一部
は労災でカバーされるが，雇用者に個別の法律上の賠償責任が認めら
れて労災の基準を超える賠償額は当該保険で支払わられる．1）の総合
賠償責任保険の追加特約でカバーさせる場合と，国内の場合は民間保
険の上乗せ労災とセットあるいは個別にカバーする場合がある．

②工事保険（Construction Erection All Risk Insurance）
工事対象物に対する物的損害の復旧費を担保する保険．基本的に自然災害
をはじめとするオールリスクでカバーするが，工事の内容やニーズにより
さまざまなカバーを付帯したり，また外したりすることができ，カバーの
対象を建設サイトだけではなく，工事に必要な他のサイトや倉庫，工場ま
でも広げることができる．保険金額や免責金額，被保険者も含めて完全に
テーラーメードの保険である．国内ではプラント建設には組立保険と呼ば
れる保険が使われることが多い．
さらに，工事保険で有責事故により，復旧のために工程が遅れて発注者へ
の引渡しが遅れることによる発注者の得べかりし利益（予定通り引渡しが
行われ稼働していれば得られていただろう利益）を担保する開業遅延保険
も，プラントの建設費用をプロジェクトファイナンスで融資を受ける場合
は工事保険と合わせて付保されるのが一般的である．

③テロ保険（Terrorism Insurance）
上記の②工事保険では通常免責になっている建設中のプラントがテロ行為
によって破壊された場合の復旧費用を復活担保する．開業遅延保険もテロ

行為を有責とする復活担保することもできる．さらにオプションで暴動や市民戦争などによって建設中のプラントの損害と開業遅延損害も担保することができる．

④貨物保険（Marine Cargo Insurance）

建設に必要な資材や機器を国外から輸送する際に損傷を受けた場合の復旧費（再作成費用）を担保する．海上輸送だけではなく，鉄道，トラック，航空輸送中のリスクも担保できる．

さらに，貨物保険で有責事故により，復旧のために工程が遅れて発注者への引渡しが遅れることによる発注者の得べかりし利益（予定通り引渡しが行われ稼働していれば得られていただろう利益）を担保する貨物開業遅延保険も，プラントの建設費用をプロジェクトファイナンスで融資を受ける場合は貨物保険と合わせて付保されるのが一般的である．

⑤船舶賠償責任保険（Marine Liability）

建設工事の際に特殊作業船などを使用する場合，特殊作業船が起こした事故による法律上の賠償責任を担保する．

⑥船主責任相互保険（Protection &Indemnity）

建設工事の際に使用する特殊作業船の所有者としての法律上の賠償責任を担保する．⑤船舶賠償責任保険は民間保険会社が引受けをするが，船主責任相互保険は船舶所有者団体が共済組織を作って引受けている．

⑦船舶保険

建設工事の際に特殊作業船などを使用する場合，事故による特殊作業船の復旧費用を担保する保険である．

⑧航空賠償責任保険（Aviation Liability）

建設工事の際に航空機やヘリコプターなどを使用する場合，航空機やヘリコプターなどが起こした事故による法律上の賠償責任を担保する．

⑨その他

労災保険，自動車保険など

(2) プラントオペレーション（O&M）中の保険

　1）賠償責任保険

　　総合賠償責任保険（Commercial General Liability）

プラントオペレーションおよびメンテナンス関わる法律上の賠償責任
を幅広く担保する保険．施設管理者賠償保険，請負業者賠償責任保険
を基本として，生産物賠償責任保険（Product Liability），環境賠償責
任保険（Sudden & Accidental Environmental Liability），使用者賠償
責任（Employer's Liability）などのカバーも適宜追加できる．

2) 生産物賠償責任保険（Product Liability）

プラントで生産した生産物に欠陥や瑕疵があり，これが原因で第三者
の身体傷害あるいは第三者の物的損害が発生した際の法律上の賠償責
任を担保する保険．1）の総合賠償責任保険に追加で引受けることもあ
る．

3) 環境賠償責任保険（Environmental Liability）

急激かつ突発的に起こる環境賠償責任（Sudden & Accidental Envi-
ronmental Liability～例えば，プラント内で危険物を積載したトラック
が荷崩れを起こし，危険物が土壌汚染を起こしたケース）と，徐々に
進行する環境賠償責任（Gradual Environmental Liability～例えばプラ
ントに置いておいた危険物のタンクの底が腐食して徐々に危険物が流
れて土壌汚染を起こしたケース）の2種類のカバーが用意されている．
急激かつ突発的に起こる環境賠償責任（Sudden & Accidental Envi-
ronmental Liability）は通常1）総合賠償責任保険の追加特約でカバー
させるのが一般的．徐々に進行する環境賠償責任（Gradual Environ-
mental Liability）は単独保険証券で引受け，急激かつ突発的に起こる
環境賠償責任（Sudden & Accidental Environmental Liability）も含ま
れているのが一般的である．

4) 使用者賠償責任保険（Employer's Liability）

被雇用者が労災事故などによって傷害を負ったケースで雇用者の法律
上の賠償責任を担保する保険．例えば，現場が危険な状態を承知で被
雇用者に作業をさせた結果，事故が発生して被雇用者が傷害を負った
ケースは，被雇用者の治療費や仕事ができないことによる賃金の一部
は労災でカバーされるが，雇用者に個別の法律上の賠償責任が認めら
れて労災の基準を超える賠償額は当該保険で支払われる．1）総合賠

償責任保険の追加特約でカバーさせる場合と，国内の場合は民間保険
の上乗せ労災とセットあるいは個別にカバーする場合がある．

②財物保険と費用利益保険

（Property Damage/Business Interruption Insurance）

建設中の工事保険と開業遅延保険に相当するのが財物保険と費用利益保険
である．

オペレーション中のプラントの物的損害の復旧費用を担保するのが財物保
険である．財物保険で担保される事故を起因として，プラントが停止する
ことによる事業者の一定期間の収益を維持するために支出する特別な費用
をカバーするのが営業継続費用．例えば，事故で損害を受けた設備の代替
設備を借りて営業を続けたときに支出した代替設備の借用費用など余分に
かかった費用を担保する．利益損害をカバーするのが利益保険である．営
業継続費用と利益損害を合わせて費用利益保険の対象とするが，保険会社
によっては，財物保険の1つの保険証券で財物損害，営業継続費用，利益
損害をカバーすることもある．

財物保険と費用利益保険も，工事保険と開業遅延保険と同様，カバーの内
容，カバー範囲，保険金額，免責金額など，テーラーメード型の保険であ
る．また，プラントの種類によって，保険会社の引受基準とカバー内容が
異なるので，保険条件設定には注意を要する．

③テロ保険（Terrorism Insurance）

プラント建設中のテロ保険と同様，オペレーション中のテロ行為などによ
るプラントの財物損害と費用利益損害を復活担保する．

④貨物保険（Marine Cargo Insurance）

プラント建設中の貨物保険と同様のカバーであるが，プラントの原材料や
完成品を対象として，在庫中のリスクや海外へ輸送する際の物損をカバー
する．

⑤その他

労災保険，自動車保険など

9.4.3　プラントの保険とRBM

本書の主題はプラントのRBMであり，ここではRBMに直接関係する財

物保険と費用利益保険についてさらに詳しく述べることにする.

　前述の通り，プラントに対する財物保険と費用利益保険はテーラーメード型保険で，まず保険対象とするプラントがどのようなリスクにさらされているか考える必要がある.

　具体的にはプラントの所在地で大きな被害をもたらす自然災害が起こっているか調べることから始める. 保険会社が特に気にする自然災害は洪水や水害，地震・津波・噴火であるが，プラントの所在地によっては，高潮やその他の自然災害についても大きなリスクとされる場合がある. プラントの所在地の住所をはじめ，地盤情報，グラウンドレベル，防潮堤の有無や構造などの詳細な情報が必要とされる.

　所在地に続き，どのようなプラントでどのようなオペレーションをするかも，保険会社がリスクを判断する上で重要になる. プラントのスペックをはじめ，主要機器のメーカー，同種プラントの実績，オペレーターの実績，メンテナンス計画など，詳細な情報を保険会社が保険料率を算出する上で必要とするポイントに絞って提示する.

　加えて，自社の損害防止策やリスクマネジメント方法，事故履歴〔原因や事故の内容，復旧期間，復旧費と間接損害（利益損害）の概要含む〕も，保険会社がリスクを判断する上で重要な情報である.

　ここで，再度，保険会社がプラントの財物保険・費用利益保険を引受ける際のリスク判断と引受けスタンスについて整理してみる.

　まず，9.4.1 保険の基本担保要件の項で述べた通り，「高温のもの」，「早く回るもの」，「水に接するもの」，「地中のもの」，「水中のもの」には，保険会社は引受けをかなり慎重に行い，保険会社各社の独自の引受規定にさまざまな条件が付けられている. プラントの所在地とプラントの種類だけで，引受けを拒絶してくる保険会社もある.

　そして，「新技術」が採用されているプラントの保険引受けはさらに慎重である. 基本的に保険会社は，自分たちの引受け経験が少ない，あるいは新技術の評価が定まっていない案件についてはネガティブな見方をする.

　引受け可能と判断した保険会社も，提示されたプラントに関する情報を基に，さまざまな引受け条件を付けてくるのが普通である. ストレートに言っ

てしまえば，保険会社も営利企業である限り，極力よいリスク（と思われ保
険金を払わない案件）に対して，自分たちの引受けキャパシティを張り，極
力高い保険料で引受けたいという意向がある．一方でリスクのよいと思われ
る案件は，他の保険会社も欲しい案件で，保険会社間で競争することにな
る．

　保険を付保する側も，自社のリスクマネジメント上，必要な保険の担保リ
スクを考慮して保険会社と保険会社の提示する引受条件を選ばなくてはなら
ない．単純にオールリスクと言っても，水害や地震，津波，噴火などの広域
災害のカバーが抜けていたり，電気的・機械的事故の担保カバーにさまざま
な条件が付けられているケースもある．それぞれ担保リスクによって保険金
額の上限が設けられていたり，高額な免責金額が設定されていることもあ
る．

　最終的に保険会社と保険を選ぶポイントは保険会社の信頼性も含めて，保
険会社が自社のリスクマネジメントポリシーを理解しているかが重要であ
る．すなわち自社のメンテナンス計画，損害防止策を含むリスクマネジメン
ト策，そして，保険付保の目的である財務諸表やファイナンススキームを維
持する上で必要な保険金額や免責金額がどのように設定されているか，さら
には自社のリスクマネジメント上必要とするカバーを何故必要かも含めて説
明し，適宜保険会社の判断に必要な情報は与えて保険を作っていかなくては
ならない．

　ここで，RBM が保険会社のプラントの財物保険・費用利益保険引受けに
おいて，どのような意味を持つのか論じておかなくてはならない．少なくと
も，筆者の知る限りでは，RBM が行われているプラントに対して特別な保
険カバーを提供したり，保険料割引規定のある保険会社はない．保険会社の
経験上，あるいは過去の事故歴から RBM が行われているプラントの事故と
保険金支払い額の関連が検証されていないのが，その理由の1つと考えられ
る．これは RBM 自体が各プラントあるいはプラントオーナーによって違っ
ており，一定の基準や規格があって行われていないものであるからであろ
う．ちなみに保険会社は，世界的に認められている安全規格〔National Fire
Protection Association（NFPA）規準，Underwriters Laboratories（UL）

規準, FM Global 規準, American Petroleum Institute（API）規準など〕
を基準にされているプラントについては一定の評価をする. プラントオー
ナーは, API 基準に含まれている RBM 基準に基づいて RBM を運用してい
るところがかなりの数になってきている. 世界的に認められている安全基準
に従って管理されているプラントというと, 保険会社にとってもプラント
オーナーにとっても, 基本的な説明は省ける利点もある. 一方で RBM はプ
ラントオーナーのリスクマネジメントの一環で行われているため, メンテナ
ンスの方針も含めて保険会社に事細かな説明と理解をさせる必要があるが,
保険会社が必要とするプラントオーナーのメンテナンス技術や運転技術の高
さを証明するよい機会とも言える. 保険会社に RBM が TBM よりも安全で
あると理解させれば, 当該プラントがどれだけ細かく管理されたもとで運転
されているか評価されることになり, 保険付保にも有利である.

　以上の保険会社との交渉をプラントオーナーが直接保険会社と全て行うに
は, 保険の内容まで知らなくてはならない. また他プラントの事故歴なども
参考にして資料作成や交渉も進めなければならず負担は大きい. 専門の保険
ブローカーを起用して, 保険会社との交渉を進めることが一般的かつ効率的
である.

9.5 現状の保険と問題点

　これまでみてきたプラントの財物保険・費用利益保険はテーラーメードで
ある故, プラントオーナーのリスクマネジメントポリシーに極力近い保険内
容に仕立てて付保することが可能であることを論じた. ただし, 保険の基本
は, 急激かつ偶然, 外来の事故により, 保険の目的であるプラントに財物損
害（Physical Damage）が発生してはじめて復旧費とオーナーの利益損害が
カバーできる. したがって, RBM により, 破裂, 爆発などの事故が起こら
なかった場合は, 保険事故ではなく, 復旧費用（この場合はメンテナンス費
用）とメンテナンスを行っている間の稼働率低下による利益損害も保険では
カバーされない. ここに RBM と保険の一種の矛盾がある. ただ, 一般的に
は事故による復旧費や利益損害は, RBM により事故発生直前でプラントを

止めて行ったメンテナンス費用や利益損害よりも大きく，保険会社にとってもメリットがあると考えられる.

9.6　保険業界の課題と将来

　最近急速に発展してきている IoT（Internet of Thigs）により，プラントとプラント，あるいはプラントを構成している機器と機器がインターネットを通じてつなげられ，数々の種類の大量データ（Big Data）を収集して高速回線と高速処理システムによりデータ分析ができるようになってきた. これにより RBM の精度も上がってくるものと考えられる. また，RBM の延長線上の Big Data を活用してプラントのトラブルの予兆管理をするシステムの運用も熱交換機などではすでに始まっている（API 基準に準拠した RBM システムを提供しているヒューストンのプラントメンテナンス企業が全米の複数の製油所の 1000 機以上の Big Data を活用して，個々の機器の最適メンテナンス時期情報を提供している）さらに予兆管理に人工知能（AI＝Artificial Intelligence）も活用されはじめている.

　このような状況になってくると，保険業界が基本とする事故を大数の法則と統計学的に分析して保険料を算出することは，データの収集から処理までこれまで以上に精度が上がっていくであろう. 一方で保険のユーザーのプラントオーナーの方では，事故が発生する前にプラントを停止あるいはトラブルを制御して事故を未然に防げる可能性が増えるため，保険の目的ははそれでも起こってしまった事業の屋台骨を揺るがすような大きな事故の損害カバーを目的とするものに移行していくであろう. 極端に言えば保険不要とすることも考えられる. もう 1 つ考えられる方向性は，現行の急激かつ偶然，外来の事故により財物損害（Physical Loss）が発生して，はじめて復旧費と利益損害がカバーされる現行の保険よりも，予兆管理により未然にプラントの運転を制御したり，あるいは停止してメンテナンスを行った財物損害（Physical Loss）が発生していないトラブルに対して，メンテナンス費用の一部や稼働率低下の補填をするタイプの保険（筆者は Non-PDBI 保険/PDBI＝Property Damage/Business Interruption と呼んでいる）の開発が急

がれるのではないかと考えている．これには保険会社の方も，Big Data の処理方法やシステム開発に大きな投資を求められると思われる．

　一方，IoT（Internet of Thigs）により，新たなリスクも生まれてきた．サイバーリスクである．サイバーリスクにも大きく分けて 2 種類あり，IT（Information Technology）を狙った IT サイバーと，OT（Operation Technology）を狙った OT サイバーがある．IT サイバーは例えば，インターネットを通じてシステムに侵入して Web Page を改ざんしたり，顧客データを漏洩させたりする行為である．OT サイバーは，IoT によってつながったプラントやプラントを構成する機器を停止したり，異常な運転制御をする行為で，すでに海外では発電所や製造工場，インフラシステムが停止された事例が報告されている．たとえ，IoT でつながっていないプラントでも，運転している以上は必ずどこかで電源ケーブルに接続されており，近年実用化されている PLC（Power Line Communication）技術により，サイバーアタックされる可能性もある．過去，機器の不具合で済ませられていた事象も，実は OT サイバーで停止されていた可能性もある．

　残念ながら，保険業界にとってもサイバーリスクは経験が浅く，したがって過去のデータや事故処理の経験も少ない．世界中が注目しているリスクであるため，保険業界も保険カバーの開発を各社急いでおり，日々新しい保険が出てきているが，まだまだ普及するにはカバーの内容と引受け保険金額の増額のために，保険業界全体のサイバーリスクに対する共通認識が必要である．

9.7　まとめ

　RBM は，プラントの部位に事故や不具合が発生する限界まで稼働させて稼働率を上げることを目的としている．一方，保険は事故により，物損が発生してはじめて損害を補てんするものである．物はいつか必ず壊れるものである．メンテナンスしなければ，いつか必ず物損が発生して保険がかかっていれば保険金が支払われることになるが，プラントオーナーも保険会社もただ黙って事故が起こって保険金が支払われるまで待っているわけではない．

プラントオーナーは，プラントの復旧費や利益損害が保険金で支払われたとしても，顧客や業界に対するレピュテーションの失墜などは保険ではカバーされないことを認識し，リスクマネジメントの一環として保険の限界を認識した上でうまく保険を利用しなくてはいけない．

　また，近年の IoT による Big Data の利用と RBM の延長線上である AI による予兆管理により，物損をトリガーとする従来型の保険の利用はますますプラントの大事故による事業の財務諸表およびファイナンススキームの保全に向けられと考えられる．

　一方で物損が起こる前にメンテナンスを行った際の損害補填のための保険カバーの普及も望まれるところである．さらに，IoT の普及による新たなサイバーリスクに対する保険の早期開発も保険業界に望むところである．

10 影響度の評価方法の さらなる検討

10.1 はじめに

　リスク（risk）という語句に対する国語辞典における第一語釈は，「危険」である（広辞苑 第七版）．第二語釈は，「保険者の担保責任」と「被保険物」である．第一語釈は，危害または損失の生じるおそれがあることに言い換えることができ，「リスクを伴う」という用例が示されている．この背景には，日本は島国で地震・台風などの自然災害に見舞われやすいといった地政学的特性が反映されているという考えがある．また，自然災害は「involuntary（受動的な）」であるとともに「uncontrollable（不可抗力な）」でもあり，日本人はこのような環境に長年にわたり慣らされてきたからであるという考えもある[1]．一方，リスクの慣用句として，リスク社会，リスクプレミアム，リスク分析，リスクヘッジ，およびリスクマネジメントが取上げられており（広辞苑 第七版），リスクという語句そのものよりもリスクの慣用句の方が国語辞典では詳細に説明されている．

　英英辞典における risk の第一語釈は，「a situation involving exposure to danger（危険にさらされている状況）」，「the possibility that something unpleasant will happen.（不快なことが起こる可能性）」（Concise Oxford English Dictionary 11th edition）であり，日本語のリスクよりも少しだけ踏み込んだ説明がなされている．しかし，いずれの定義もハザードの発生確率や影響のことを直接扱っていないことがわかる．

　JIS Z 8051：2015（ISO/IEC Guide 51：2014）[2] では，リスクを危害の発生確率及びその危害の度合いの組合せとしており，危害の発生確率とその大きさとの積で表すことを含んでいる．JIS Q 31000：2010（ISO 31000：2009）[3] では次のように定義している：あらゆる業態及び規模の組織は，自らの目的達成の成否及び時期を不確かにする外部及び内部の要素並びに影響力に直面

している．この不確かさが組織の目的に与える影響のことがリスクであり，目的に対する不確かさの影響（期待されていることから，好ましい方向および／または好ましくない方向に乖離すること）のことである．この定義では，好ましくない方向への乖離だけでなく，好ましい方向への乖離もリスクとしているところに特徴がある．また，リスクの対象も組織に力点が置かれていることがわかる．

SRA（Society for Risk Analysis）は，リスクを次のように定性的に定義している[4]．

a）　不幸なことが起こる可能性

b）　望まれない悪い結果が実際に起こってしまう可能性

c）　（損失の発生などが伴う）不確実・不確定なことに曝露されること

d）　行動によって引き起こされる（悪い）結果とそれが不確実・不確定であること

e）　価値があると考えてとった行動に負の影響があり，それが不確実・不確定かつ重大であること

f）　行動によって特定の（悪い）結果が引き起こされ，それが不確実・不確定であること

g）　基準値からの乖離とそれが不確実・不確定であること

またSRAは，リスクの指標・内容として次のものを例示している．

1.　（悪い）結果の発生確率と，その大きさ・度合いとの組合せ

2.　ハザードの発生確率と，ハザードの発生がもたらす脆弱性に関する指標との組合せ

3.　三重項 (s_i, p_i, c_i)．ここで，s_i は i 番目のシナリオ，p_i は i 番目のシナリオの発生確率，c_i は i 番目のシナリオの影響（（悪い）結果）である $(i=1, 2, ..., N)$．

4.　三重項 (C', Q, K)．ここで，C' はある具体的な影響（（悪い）結果），Q は C' に伴う不確実性の尺度（通常は確率），K は C' と Q の根拠となる背景的知識（背景的知識の深さに関する判断を含む）である．

5.　予想される影響〔（悪い）結果〕（損害，損失）
　　これは，例えば次のように計算される：

i.　1年あたりの予想死亡者数（死亡可能性，PLL：Potential Loss of Life），または1億時間の曝露によって引き起こされる予想死亡者数（死亡事故率，FAR：Fatal Accident Rate）

ii.　P(ハザードの発生)$\times P$(対象への曝露|ハザードの発生)$\times E$[損害|ハザードと曝露].

すなわち，次の三項の積である：

（1）ハザードの発生確率，（2）ハザードが発生しているという条件のもとでハザードに関連する対象に曝露されている確率，および（3）ハザードが発生して対象に曝露されているという条件のもとで発生する損害の期待値（最後の項は脆弱性に関する指標である）

iii.　予想される負の効用

6.　損害の可能性分布（例えば，三角型可能性分布）

以上の例示は，科学技術に立脚したものと見なすことができる．また，リスクは社会的には次のように定義されている[5]．

1.　信頼の度合い，責任の受容，利益の共有の全て，またはいずれかによって増減する，有害事象の発生確率

2.　危険性を伴ったチャンス

3.　期待される秩序に変化が生じていることを特定の社会集団（職員）に注意を喚起する際に使用する，その社会集団だけに通じる言葉

4.　懸念する事柄，願望する事柄

5.　組織関係・社会文化問題・政治経済的勢力分布を議論する場

6.　持続可能性や現在の生活様式に対する脅威

7.　不確実性・不確定性

8.　人々を取り巻く制度環境の中で，安全保障が根拠としている意味の構造の一部分

9.　未来を予想するのに社会が利用している一般的手段

10.　期待される結果とその実現可能性に関して誰かが判断すること

11.　人によって違っていてよいものを区別すること

12.　製品・システム・プラントに関連する金銭的損失

13.　安全の逆

　SRA におけるリスクの定性的定義には，社会的なものも含まれている．以上のようにリスクには，科学技術的定義（科学的側面）と社会的定義（社会的側面）がある．

　リスクとハザードは混同されることもあるが，科学的側面におけるリスクは，ハザードの発生確率とハザードに対する曝露量によって定量的に扱うことができる．Slovic[6] は核兵器やカフェインなど 81 種類のハザードを，リスクに対する恐怖の程度（Factor 1）とリスクに対する知識の程度（Factor 2）によって分類している．「化学物質の審査及び製造等の規制に関する法律」（化審法）では，ハザードは化学物質が有する固有の有害性のことである（人や環境中の動植物に対し，どのような望ましくない影響を及ぼす可能性があるか）としている．JIS Z 8051：2015（ISO/IEC Guide 51：2014）[2] では危害の潜在的な源，JIS C 0508-4：2012（IEC 61508-4：2010）[7] では潜在危険（危害の潜在的な源），JIS B 9700：2013（ISO 12100：2010）[8] では危険源（危害を引き起こす潜在的根源）としている．火災や爆発のように短時間で生じる人への危害のほかに，中毒性物質の放出のように長期にわたる健康への影響も含んでいる．

　本章では Macgill and Siu の文献[5] に基づいて，リスクの科学的側面と社会的側面をマクロレベル・メソレベル・ミクロレベルにわけて，それらの統合化を試みた結果を紹介する．ただし，図表は適宜改変しているところもある．

10.2　マクロレベルにおけるリスクの簡易表現

　リスクには科学的側面と社会的側面があるが，両者をマクロレベルで簡易的に表したものが**図 10.1** である．この図の横軸は期待損失で，科学的側面に相当する．縦軸はリスクに対する受容性を表しており，社会的側面に相当する．この図には四分割された領域（A〜D）があり，それぞれの領域に該当するリスク問題は次のように例示できる．

　リスク状態 A（低期待損失，高受容性）：家庭用電気器具
　リスク状態 B（高期待損失，高受容性）：喫煙
　リスク状態 C（高期待損失，低受容性）：鉛が子供の健康に及ぼす影響

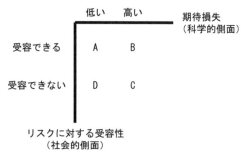

図10.1　リスクに関する2つの主要次元（マクロレベル）

リスク状態D（低期待損失，低受容性）：ネズミ，クモ

　しかし，この図において，期待損失に関してはその大きさによって分類されているが，損失が確定できない場合が扱われていなかったり，科学的知識の確信度が反映されていなかったりする．また，受容性に関しては専門科学者や一般大衆など，多様な集団がどのように判断しているのかが考慮されていない．

10.3　科学的側面におけるリスクの本質と特性

　図10.1の横軸をメソレベルに分解したものが**表10.1**である．空間や拡散・伝播など，複数の測定可能な属性に対して期待損失を求め，それらを統

表10.1　測定可能な属性の例

属性	例
空間	地理的分散
拡散・伝播	持続性，遅延性
可逆性	初期状態への回復，初期状態からの変化
影響範囲	社会・経済・政治・文化・生態・倫理・道徳・生物・非生物への影響の種類
損害	影響を受けた生物・非生物の数
損益	社会・経済・政治・文化・生態に対する利益と損失

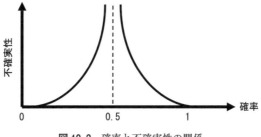

図 10.2　確率と不確実性の関係

合したものが図 10.1 の横軸の値になる．この値は科学的知識によって決定されるが，次に示すさまざまな不確実性・不確定性によって影響を受ける．

a.　確率的不確実性　**図 10.2** は確率と不確実性の関係を表したものである．この場合不確実性は，（確率）＝0.5 のとき最大になり，（確率）＝{0, 1} のとき最小になる．

b.　方法論的限界による不確実性　誤差，第一種の誤り，第二種の誤り

c.　不確定性　例えば時間旅行のように存在そのものが知られていなかったりする場合や，測定・制御・予知が困難な現象のように科学的に不確定である場合がある．そこで期待損失に関しては，大きさだけでなく，損失が確定できない場合を含めて考える．ただし，期待損失の大きさとは切り離して考えることにし，次のように表す．

　　S_1：低期待損失

　　S_2：高期待損失

　　$S_3(=\varepsilon)$：不確定損失（損失が確定できない）

　　確信度：科学的知識には次のような確信度が存在する．

　　σ_1：疑いのない事実（高確信度）（リスクは既知である）

　　σ_2：疑いのある事実（低確信度）（リスクは未知である）

　　σ_3：無知（信頼できる科学的知識が存在しなく，リスクは未知である）

なお σ_3 は，S_3 と同様に σ_1 と σ_2 とは切り離して考える．

　確率的不確実性，方法論的限界による不確実性，および不確定性はいずれも客観的に評価でき，損失を分類した結果である {S_1, S_2, S_3} の観点で，マクロレベル・メソレベル・ミクロレベルにおいて取扱うことができる．確信

度は主観的であるが，確信度を分類した結果である $\{\sigma_1, \sigma_2, \sigma_3\}$ の観点で，マ
クロレベル・メソレベル・ミクロレベルにおいて同様に取扱うことができる．

　図 10.1 に修正を施し，期待損失に対してその確信度をマッピングしたも
のを図 10.3 に示す（科学的側面におけるマクロレベル）．この図において各
領域は，(1) 安全領域，(2) 伝統科学領域，(3) 警戒領域，(4) ポストノー
マルサイエンス領域，(5) 不確定領域，(6) 未定義領域（考えなくてもよい
領域）を表す．ここでポストノーマルサイエンス領域とは，事実に不明瞭な
ところがあったり，価値観や利害に衝突があったり，早急な決断が必要とさ
れるような状況において探求してくための方法論を特徴づけようとする概念
によって対応する領域のことで，専門科学者の知識に基づいた意思決定だけ
が必ずしも問題解決にはつながらず，多様なステークホルダーの利害関係を
踏まえた意思決定が必要な領域を意味する[9)]．

　科学的側面におけるリスクは次のように表現できる．

マクロレベル：$W = f(S, \sigma)$

　W：科学的知識（科学的側面におけるリスク状態）

　　　$\in \{(S_1, \{\sigma_1, \sigma_2, \sigma_3\}), (S_2, \{\sigma_1, \sigma_2, \sigma_3\}), (S_3, \sigma_3)\}$

　S：科学的知識によって決定される損失（確率分析によって定量化され
　　　る）$\in \{S_1, S_2, S_3\}$

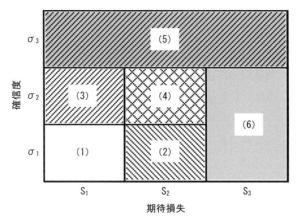

図 10.3　期待損失に対する確信度のマッピング

σ：科学的知識の確信度（専門科学者の知識に対する確信度）$\in \{\sigma_1, \sigma_2, \sigma_3\}$

メソレベル：$S = f(\{M, P\}, \{\varepsilon\})$

　M：影響度（損失の総和）

　P：発生確率，発生可能性

　ε：無知，不確定性

ミクロレベル：$\sigma = f$（データの強度・関連性・完全性・ロバスト性などの
　確信度基準）

10.4　社会的側面におけるリスクの本質と特性

　科学的知識は，特定の状況（確信度が付随している）を記述したり，説明したりするための整理された事実とデータで構成されている．一方，社会的知識は，特定の状況と問題を扱うために累積され，統合化され，持続されていくものであり，文脈（context）に依存している．したがって，図10.1の縦軸（社会的側面）は集団が単一である場合に相当する．ここで，集団を5種類に分類する．

　E：専門科学者（リスク問題の物理的性質と特性に関して科学的専門知識
　　を有している）

　R：規制者（社会の統治枠組みの形成を担っている）

　G：利益団体（リスク問題に対して明確な利害を有するステークホルダー
　　である）

　U：一般大衆（リスク問題に対しては傍観者である）

　D：マスメディア（リスク情報を伝達するとともに，リスク問題に影響を
　　与える）

　これらのもとで，リスク問題に対して個々人が属している集団をkとすれば，$k \in \{E, R, G, U, D\}$である．

　リスク問題に対する態度は次のように分類できる．

・受容（acceptable）：リスクは能動的脅威でないものとして一般的かつ明
　　確に認識されている．

・困惑（puzzlement）：リスクに対して強い能動的関心がある．意見が分か

れていて決着がついていない状態である.

・非受容（unacceptable）：リスクは大きな問題である. 社会的行動の望ましい形態に対する脅威，および社会的衝突の初期段階として扱われている.

・無関心（indifference）（信頼できる科学的知識が存在しない状態）：リスクは無視されている.

　このとき，個々の集団がリスク問題に対してどのような態度であるかによって，次のように整理できる.

・コンセンサス（consensus）（V_1）：E〜D の全ての集団の態度が，受容，困惑，非受容，無関心のいずれか1つに一致している状態（全集団が特定の1つの態度に一致している状態）. ただし，全集団の態度が「無関心」で一致している場合，後述する「現状維持」でもある.

・衝突（conflict）（V_2）：E〜D の全ての集団の態度が，受容，困惑，非受容，無関心のいずれかであるもとで，少なくとも1つの集団の態度が他の集団の態度と一致していない状態（全集団が特定の1つの態度に一致していない状態）.

・抑圧（suppression）（V_3）：E〜D の少なくとも1つの集団の態度が不明である状態（態度の不明な集団がある状態）.

・現状維持（status quo）（V_4）：E〜D の全ての集団の態度が無関心または不明である状態（全集団の態度が無関心または不明である状態）. ただし，全集団の態度が無関心で一致している場合，コンセンサスでもある.

　社会的側面におけるリスクは次のように表現できる.

マクロレベル：$V = f(C_k)$　$k \in \{E, R, G, U, D\}$

　V：社会的知識（社会的側面におけるリスク状態）

　　$\in \{V_1$（コンセンサス），V_2（衝突），V_3（抑圧），V_4（現状維持）$\}$

　C_k：集団 k で形成された知識（集団 k に属している個人 l のリスクに対する態度の総和）　$\in \{$受容，困惑，非受容，無関心$\}$

メソレベル：$C_k = \sum_l N_{lk}$

　N_{lk}：集団 k に属している個人 l のリスクに対する態度

$\in$｛受容，困惑，非受容，無関心｝

ミクロレベル：$N_{lk}=f(I_{lk}/\iota_{lk}, A_{lk}/\alpha_{lk}, S/\sigma)$

　　　　　$\in$｛受容，困惑，非受容，無関心｝

I_{lk}：集団 k に属している個人 l の内的知識

ι_{lk}：I_{lk} の確信度

A_{lk}：集団 k に属している個人 l の能動的知識

α_{lk}：A_{lk} の確信度

S：科学的知識によって決定される損失 $\in$｛S_1, S_2, S_3｝

σ：科学的知識の確信度 $\in$｛$\sigma_1, \sigma_2, \sigma_3$｝

リスクに対する人々（個人，集団，社会）の知識は次のように分類できる．

内的知識（inner knowledge）：先入観，社会的条件づけ，直感，遺伝による先天的気質．より一般的には，「基本知識」によって人々が身につけている知識．

能動的知識（active knowledge）：学習，情報の流れ，社会経験，論理的思考を通じて人々が能動的に整理できる知識（人々が実際に利活用できる知識）．

10.5　リスクの科学的側面と社会的側面の統合

マクロレベルにおける 28 種類のリスク状態を**表 10.2** に示す．個々のリスク問題を例示すると**表 10.3** のようになる．表 10.2 および表 10.3 において，1～8 は確信度の高い科学的知識が基盤となっており，ノーマル応用科学で対応するリスク問題である．9～16 は科学的知識の確信度が低いリスク問題である．その中で，9～12 は期待損失が小さいリスク問題である．13～16 は期待損失が大きいため，ポストノーマルサイエンスで対応するリスク問題である．17～28 はリスクが未知であるリスク問題である．その中で，17～20 は期待損失が小さいリスク問題である．21～24 は期待損失が大きいリスク問題であるため，モアポストノーマルサイエンスで対応するリスク問題，25～28 は信頼できる科学的知識が存在しないリスク問題（無知）である．

リスクの科学的側面と社会的側面の統合に関する略図を**図 10.4** に示す．

表 10.2 マクロレベルにおけるリスク状態の定義

	科学的側面			科学的知識の確信度			社会的側面			
	S_1	S_2	S_3	σ_1	σ_2	σ_3	V_1	V_2	V_3	V_4
1	○			○			○			
2	○			○				○		
3	○			○					○	
4	○			○						○
5		○		○			○			
6		○		○				○		
7		○		○					○	
8		○		○						○
9	○				○		○			
10	○				○			○		
11	○				○				○	
12	○				○					○
13		○			○		○			
14		○			○			○		
15		○			○				○	
16		○			○					○
17	○					○	○			
18	○					○		○		
19	○					○			○	
20	○					○				○
21		○				○	○			
22		○				○		○		
23		○				○			○	
24		○				○				○
25			○			○	○			
26			○			○		○		
27			○			○			○	
28			○			○				○

表 10.3　個々のリスク状態に対応するリスク問題の例

$1(S_1, \sigma_1, V_1)$	推奨されている毎日の運動・ビタミン摂取，喫煙による病気
$2(S_1, \sigma_1, V_2)$	予防接種（3 種混合など），殺人につながるいじめ
$3(S_1, \sigma_1, V_3)$	ダニ，有鉛塗料
$4(S_1, \sigma_1, V_4)$	カフェイン
$5(S_2, \sigma_1, V_1)$	自然災害（火山爆発，地震など）
$6(S_2, \sigma_1, V_2)$	不明
$7(S_2, \sigma_1, V_3)$	大洪水，大干ばつ
$8(S_2, \sigma_1, V_4)$	LNG（液化天然ガス）の貯蔵と輸送
$9(S_1, \sigma_2, V_1)$	不明
$10(S_1, \sigma_2, V_2)$	コールタールを原料とする毛染め剤
$11(S_1, \sigma_2, V_3)$	経口避妊薬
$12(S_1, \sigma_2, V_4)$	診断用 X 線
$13(S_2, \sigma_2, V_1)$	不明
$14(S_2, \sigma_2, V_2)$	放射性廃棄物，原子力発電
$15(S_2, \sigma_2, V_3)$	電磁波，枯葉剤
$16(S_2, \sigma_2, V_4)$	地球規模の気候変化
$17(S_1, \sigma_3, V_1)$	ヒトゲノム塩基配列の解読，仮想技術，ロボット工学と人工知能，マイクロ波放射
$18(S_1, \sigma_3, V_2)$	水の塩素処理，水のフッ素添加
$19(S_1, \sigma_3, V_3)$	サッカリン
$20(S_1, \sigma_3, V_4)$	不明
$21(S_2, \sigma_3, V_1)$	不明
$22(S_2, \sigma_3, V_2)$	DNA 技術
$23(S_2, \sigma_3, V_3)$	遺伝子組換え作物・食品
$24(S_2, \sigma_3, V_4)$	不明
$25(S_3, \sigma_3, V_1)$	ボストーク湖（南極大陸）の汚染
$26(S_3, \sigma_3, V_2)$	ブラックホール
$27(S_3, \sigma_3, V_3)$	時間旅行
$28(S_3, \sigma_3, V_4)$	常温核融合

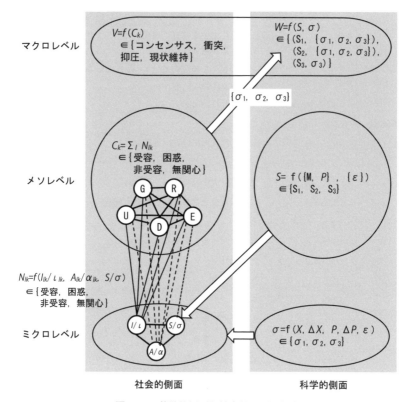

図 10.4　科学的側面と社会的側面の統合

この図における記号の意味は，再掲もあるが次の通りである．

V：社会的知識（社会的側面におけるリスク状態）$\in$｛コンセンサス（V_1），
　　衝突（V_2），抑圧（V_3），現状維持（V_4）｝

C_k：集団 k で形成された知識（集団 k に属している個人 l のリスクに対する
　　態度の総和）$\in$｛受容，困惑，非受容，無関心｝

N_{lk}：集団 k に属している個人 l のリスクに対する態度
　　　$\in$｛受容，困惑，非受容，無関心｝

E：専門科学者，R：規制者，G：利益団体，U：一般大衆，D：マスメディア

I_{lk}：集団 k に属している個人 l の内的知識

ι_{lk}：I_{lk} の確信度

A_{lk}：集団 k に属している個人 l の能動的知識

α_{lk}：A_{lk} の確信度

S：科学的知識によって決定される損失 $\in \{S_1, S_2, S_3\}$

σ：科学的知識の確信度 $\in \{\sigma_1, \sigma_2, \sigma_3\}$

W：科学的知識（科学的側面におけるリスク状態）

M：影響度（損失の総和）

P：発生確率，発生可能性

ε：無知，不確定性

X：影響度

Δ：変化（P と X を動的に扱う）

　以上のもとで，リスク問題は次のように評価できる．

[問1]　リスクはどれくらいの大きさか（科学的側面のメソレベル）．

[答1]　$S = f(\{M, P\}, \{\varepsilon\})$

M と P で，S_1 であるか S_2 であるかを決める．ただし，期待損失が不確定の場合，S_3（$=\varepsilon$）になる．

[問2]　疑いはあるか（科学的側面のミクロレベル）．

[答2]　$\sigma = f$（データの強度・関連性・完全性・ロバスト性などの確信度基準）科学的知識の確信度が σ_1，σ_2，σ_3 のいずれかであるかを決める．

[問3]　リスクは受容できるか（社会的側面のミクロレベル）．

[答3]　$N_{lk} = f(I_{lk}/\iota_{lk}, A_{lk}/\alpha_{lk}, S/\sigma)$

I_{lk}/ι_{lk}，A_{lk}/α_{lk}，S/σ に基づいて，集団 k の個人 l のリスクに対する態度が受容，困惑，非受容，無関心のいずれの状態であるかを決める．

[問4]　みんな同意しているか（社会的側面のマクロレベル）．

[答4]　$V = f(C_k)$

$C_k = \sum_l N_{lk}$，$k \in \{E, R, G, U, D\}$

集団 $\{E, R, G, U, D\}$ における個人 l のリスクに対する態度の総和をもとにして，社会的知識がコンセンサス（V_1），衝突（V_2），抑圧

（V₃），現状維持（V₄）のいずれの状態であるかを決める.

10.6　リスクマネジメント

　知識があるからこそリスクが発生するという考えに基づけば，リスクマネジメントとは人々のリスクに関する知識をマネジメントすることである．リスク問題をマネジメントするには，科学的側面と社会的側面の両者を合わせて考えねばならない.

　伝統的なリスクマネジメント手法はリスクを小さくすることを主眼としており，確固たる基盤知識が必要になる．これは，表10.2および表10.3における1〜8（σ_1：科学的知識が信用できる状態）だけに適用可能である．科学的知識に疑いがある場合（σ_2）および無知である場合（信頼できる科学的知識が存在しなく，リスクが未知である場合）（σ_3），ならびに科学的側面における影響がよく分からなく不確定である場合（S_3）は，リスク・コミュニケーション（リスクに関するメッセージが，能動的知識として符号化されることによって，内的知識になるプロセスとして解釈できる）のようなマネジメント手法が必要になる.

10.7　おわりに

　Macgill and Siu が提案したパラダイム[5] の特徴は次の通りである.

(1) リスクが本来備えている二重性（科学的側面と社会的側面）を包括してモデル化されている．このモデルには不確実性・不確定性も含まれている.

(2) 静的分析を基本にリスク状態全体を体系立てて分類している．また，この分類を用いればリスク状態を動的に扱うことも可能である.

(3) リスクに関する知識をさまざまなレベルで，かつ各レベル内および各レベル間の相互関係で体系づけるための構成要素を示している.

■ **第 10 章　参考文献** ■

1) 木下冨雄：リスク・コミュニケーションの思想と技術：共考と信頼の技法，ナカニシヤ出版 (2016).

2) JIS Z 8051：2015（ISO/IEC Guide 51：2014），安全側面—規格への導入指針，日本規格協会 (2015)

3) JIS Q 31000：2010（ISO 31000：2009），リスクマネジメント—原則及び指針，日本規格協会 (2010)

4) Committee on foundations of risk analysis：SRA glossary as of June 22, 2015, http://www.sra.org/sites/default/files/pdf/SRA-glossary-approved22june2015-x.pdf.（参照日 2017 年 4 月 22 日）.

5) S. M. Macgill and Y. L. Siu：The nature of risk, Journal of Risk Research, Vol.7, Iss.3 (2004) p. 315-352.

6) P. Slovic：Perception of risk, Science, Vol.236, Iss.4799 (1987) p.280-285.

7) JIS C 0508-4：2012（IEC 61508-4：2010），電気・電子・プログラマブル電子安全関連系の機能安全—第 4 部：用語の定義及び略語，日本規格協会 (2012)

8) JIS B 9700：2013（ISO 12100：2010），機械類の安全性—設計のための一般原則—リスクアセスメント及びリスク低減，日本規格協会 (2013)

9) S. O. Funtowicz and J. R. Ravetz：Science for the post-normal age, Futures, Vol.25, Iss.7 (1993) p.739-755.

索　引 （五十音順）

JCOPY ＜出版者著作権管理機構　委託出版物＞

2020年3月31日　　第1版第1刷発行

2020
リスクベースマネ
ジメントにおける
影響度評価

著者との申
し合せによ
り検印省略

ⒸⒸ著作権所有

著　作　者　日 本 学 術 振 興 会
　　　　　　産学連携第180委員会
　　　　　　「リスクベース設備管理」
　　　　　　被害・影響度評価分科会

発　行　者　株式会社　養 賢 堂
　　　　　　代 表 者　及川雅司

印　刷　者　株式会社　真 興 社
　　　　　　責 任 者　福田真太郎

定価（本体3000円＋税）　　用紙：株式会社竹尾
　　　　　　　　　　　　　本文：淡クリームキンマリ 46.5kg
　　　　　　　　　　　　　表紙：タント 180kg

　　　　　　　　　　　　　〒113-0033 東京都文京区本郷5丁目30番15号

発 行 所　株式会社 養賢堂　TEL 東京(03) 3814-0911　振替00120
　　　　　　　　　　　　　　FAX 東京(03) 3812-2615　7-25700
　　　　　　　　　　　　　　URL http://www.yokendo.com/

ISBN978-4-8425-0576-3　C3053